El Quinto Nivel de la Evolución

Manuel Alfonseca

© Manuel Alfonseca, 2016

ISBN: 1540315991

ISBN-13: 978-1540315991

RESERVADOS TODOS LOS DERECHOS. Salvo usos razonables destinados al estudio privado, la investigación o la crítica, ninguna parte de esta publicación podrá reproducirse, almacenarse o transmitirse de ninguna forma o por ningún medio, electrónico, eléctrico, químico, óptico, impreso en papel, como fotocopia, grabación o cualquier otro tipo, sin el permiso previo del propietario de los derechos.

ÍNDICE

1. Evolución del universo antes de la aparición de la vida — 5
2. El primer nivel — 21
3. El segundo nivel — 39
4. El tercer nivel — 53
5. El cuarto nivel — 57
6. ¿Qué es el hombre? — 77
7. Hacia el quinto nivel — 99
8. El quinto nivel en la literatura — 119
9. El punto Omega — 145
10. Internet como sistema nervioso — 165
11. ¿Tendremos que renunciar a la reproducción? — 189
12. ¿Podremos controlar nuestra evolución? — 215
13. ¿Debemos controlar nuestra evolución? — 239
14. ¿Cómo será el quinto nivel? — 261
15. ¿Existe el quinto nivel? — 293

Bibliografía — 311

1. Evolución del universo antes de la aparición de la vida

En el principio de cada gran ciclo cósmico, Vishnu se encuentra en eterno reposo. De su ombligo nace una flor de loto y de ésta surge Brahma, el creador. Brahma hace salir de las aguas el huevo cósmico, el universo, que se divide en dos mitades, cada una de las cuales comprende siete estratos. El primero de la mitad superior es la Tierra en que vivimos, en cuyo centro se alza el monte Meru, la montaña universal, por la que pasa el eje de rotación del huevo cósmico. Alrededor del monte se extiende el continente circular de la Rosa, rodeado sucesivamente por un mar de agua salada, un continente anular, un mar de azúcar, otro continente anular, un mar de leche, y así sucesivamente hasta completar el número de siete mares y siete continentes.

Llamamos cosmología a la ciencia que estudia las propiedades, el origen y la evolución del universo. Desde la antigüedad remota, así como en las culturas más primitivas, el hombre se ha preocupado por estos temas y ha formulado respuestas que hoy pueden parecer ingenuas, en las que los hechos reales al alcance de sus conocimientos se mezclan con elementos mítico-religiosos para producir un todo coherente. El párrafo anterior describe una de estas cosmologías, que surgió en la India durante los quinientos años anteriores a Cristo.

A medida que aumentaban los conocimientos del hombre respecto al mundo que le rodea, la proporción de elementos religiosos en las construcciones cosmológicas disminuyó, hasta el extremo de que, durante el siglo XX, la cosmología ha llegado a convertirse en una rama de las ciencias físicas.

Antes de describir la posición actual de la ciencia moderna sobre el origen y la evolución del universo, será conveniente echar una ojeada al proceso histórico por el que se ha llegado a ella.

Comenzaremos en Grecia antigua, en el mito de Perseo, que por encargo del rey Polidectes emprendió la arriesgada tarea de conquistar la cabeza de la gorgona Medusa, que convertía en piedra a quien la miraba. Después de lograr su objetivo con ayuda de Hermes y de Atenea, Perseo emprendió largos viajes. En uno de ellos llegó a Etiopía, donde reinaba Cefeo, esposo de Casiopea, cuya hija, Andrómeda, era de una belleza incomparable. La reina cometió el error de jactarse de la hermosura de su hija, que declaró superior a la de las nereidas, divinidades del mar. Indignado Poseidón, dios de las aguas, por el atrevimiento de Casiopea, envió un monstruo marino a asolar las costas del país. Un oráculo comunicó a Cefeo que el azote cesaría si entregaba su hija al monstruo. El rey ordenó encadenar a Andrómeda a una roca de la playa y dejarla a merced de la fiera. Pero Perseo, montado en el caballo alado Pegaso, llegó en su auxilio, mató al monstruo, salvó a la muchacha y se casó con ella.

Los griegos utilizaron sus mitos para dar nombre a las constelaciones que distinguían en el cielo nocturno, donde su fértil imaginación veía complicados dibujos que representaban a algunos de los personajes de su mitología. En particular, en la zona norte de la esfera celeste, cinco constelaciones próximas recibieron los nombres del mito que acabamos de resumir: Cefeo, Casiopea, Perseo, Pegaso y Andrómeda.

* * *

Tras el hundimiento del Imperio romano de Occidente, mientras la civilización occidental se debatía en la semioscuridad de la baja Edad Media, la joven civilización islámica asimiló e incrementó los conocimientos astronómicos de los griegos. En un catálogo de objetos estelares (*El Libro de las Estrellas Fijas*), compilado por el astrónomo persa Abd al-Rahman al-Sufi (903-986) figura por primera vez cierto objeto misterioso, parecido a una nube brillante y situado en la región de la constelación de Andrómeda.

En 1611, el astrónomo alemán Simon Marius (1573-1624) fue el primero en observar la nebulosa de Andrómeda a través de un telescopio. Mucho después, en 1845, el británico William Parsons (lord Rosse, 1800-1867) descubrió que algunos objetos semejantes a esta nebulosa tenían una curiosa estructura espiral. Las primeras fotografías de la nebulosa de Andrómeda, obtenidas en 1885 por Isaac Roberts, demostraron su pertenencia a la clase de las nebulosas espirales.

El filósofo alemán Immanuel Kant (1724-1804) y el astrónomo germano-británico William Herschel (1738-1822) habían formulado la teoría de que las nebulosas podían ser agrupaciones de millones de estrellas, parecidas a la región del universo en que nos encontramos. Propusieron para ellas el nombre de universos-islas. Sin embargo, un siglo más tarde, la idea no había cuajado y la mayor parte de los astrónomos se sentían escépticos.

Antes de continuar por este camino, retrocedamos algunos siglos para seguir el desarrollo de los avances que se habían producido en una ciencia diferente, la parte de la física que estudia las propiedades de la luz y que recibe el nombre de óptica[1].

Se sabía desde la antigüedad que cuando la luz blanca atraviesa una gota de agua o un vidrio de forma adecuada, pueden producirse colores irisados. Pero fue el físico inglés Isaac Newton (1642-1727) quien demostró que la luz blanca está compuesta por la mezcla de una sucesión continua de colores, que se denomina *espectro*[2].

En 1802, el químico inglés William Hyde Wollaston (1766-1828) descubrió que el espectro de la luz solar no es continuo, pues contiene numerosas rayas oscuras, irregularmente distribuidas. En 1859, el físico alemán Gustav Robert Kirchhoff (1824-1887) demostró que los gases de los diversos elementos químicos absorben determinadas longitudes de onda de la luz (colores), lo que indicaba que las rayas de la luz solar se han producido por absorción de las longitudes de onda correspondientes por los elementos de la cromosfera del sol. Además de explicar el misterio de las bandas oscuras, el experimento de Kirchhoff permitía conocer la composición de la cromosfera. Aplicando el mismo método a otras estrellas, se puede deducir su composición. De este modo se descubrió que el hidrógeno y el helio son los elementos más abundantes en el universo. De hecho, el helio era desconocido en la Tierra hasta que se encontraron sus rayas en el espectro solar. De ahí procede su nombre, pues los griegos llamaban Helios al sol.

Vamos ahora en busca del tercer eslabón que nos falta para poder continuar con la historia del descubrimiento de las galaxias. Para ello tenemos que recurrir a otra rama de la física, la acústica[3], que estudia los sonidos.

---

[1] Del griego *optós*, visible.
[2] Del latín *spectrum*, imagen.
[3] Del griego *akoio*, oír.

Todos conocemos el curioso efecto que se produce cuando nos alcanza y nos rebasa un vehículo que genera un sonido continuo (como un automóvil, cuando el conductor hace sonar la bocina). El sonido parece sufrir un cambio brusco de tono, haciéndose más grave cuando el vehículo comienza a alejarse. En 1842, el matemático y físico austriaco Christian Doppler (1803-1853) estudió estos fenómenos y formuló una ley que permite calcular el corrimiento de frecuencias producido en las ondas sonoras en función de la velocidad del objeto que las genera. Cuanto mayor es dicha velocidad, mayor será el desplazamiento de tono.

Una importante consecuencia de la formulación matemática del efecto Doppler es que, si se conoce el desplazamiento de frecuencias de las ondas, se puede calcular la velocidad del cuerpo que las ha producido. Es preciso añadir que el mismo efecto se aplica a toda clase de fenómenos ondulatorios: no sólo al sonido, sino también, y esto es lo que aquí nos interesa, a la luz.

El efecto Doppler tiene aplicaciones prácticas: cuando una estrella se aleja de nosotros, la luz que procede de ella disminuye en frecuencia (aumenta en longitud de onda). Si obtenemos el espectro de esa luz, veremos que las líneas oscuras de los diversos elementos se encuentran desplazadas hacia la región de mayor longitud de onda (la zona de los rojos en la luz visible). Por eso decimos que el espectro ha sufrido un *corrimiento hacia el rojo*. Lo contrario ocurre cuando la estrella se acerca: se habla entonces de un *corrimiento hacia el azul*. De la amplitud del corrimiento puede deducirse la velocidad radial de la estrella.

* * *

Ahora estamos en condiciones de volver a la nebulosa de Andrómeda. En 1913, el astrónomo norteamericano Vesto Melvin

Slipher (1875-1969) obtuvo su espectro y descubrió un desplazamiento hacia el azul que indicaba que la nebulosa se mueve hacia nosotros con una velocidad de unos 300 kilómetros por segundo, mucho mayor de lo que se esperaba. Slipher estudió entonces la luz de otras nebulosas espirales e hizo el inesperado descubrimiento de que la mayor parte de ellas, al revés que la de Andrómeda, presentan corrimientos hacia el rojo, es decir, se alejan del sistema solar con enorme rapidez, pues encontró velocidades de más de 1000 kilómetros por segundo.

En 1919, el norteamericano Edwin Powell Hubble (1889-1953) utilizó el telescopio de Monte Wilson para fotografiar varias nebulosas espirales, entre ellas la de Andrómeda, y demostrar que, en realidad, se trataba de gigantescas agrupaciones de estrellas. La teoría de los universos-islas quedaba así confirmada. A partir de entonces ya no se les llamó nebulosas, sino galaxias, en honor de nuestra Vía Láctea[4], que también pertenece a la clase de las nebulosas espirales.

El interés de Hubble por la galaxia de Andrómeda no se limitó a esto. Quiso también calcular la distancia que la separa de nosotros. Es curioso que, para conseguirlo, se apoyara en un descubrimiento realizado en la constelación de Cefeo, vecina de la de Andrómeda y padre de ésta, de acuerdo con el mito griego.

En diversos lugares del cielo, pero especialmente en la constelación de Cefeo, donde se descubrió la primera, existen estrellas cuya intensidad luminosa varía regularmente y que por ello se llaman "cefeidas variables". En 1908, Henrietta Swan Leavitt (1868-1921) descubrió que el período de variación de estas estrellas está ligado con su luminosidad. Cuanto mayor es ésta, más largo es el período.

---

[4] *Galactos* en griego significa leche.

¿En qué forma podía ayudar esto a la medida de la distancia que nos separa de la galaxia de Andrómeda? Algunas estrellas cefeidas son muy brillantes, y Hubble había localizado unas cuarenta en las fotografías de dicha galaxia. Después de medir su período de variación, no tuvo más que aplicar la relación de Leavitt para obtener la luminosidad real. De la comparación de ésta con la luminosidad aparente se puede deducir la distancia[5].

Cálculos modernos más exactos que los de Hubble permiten afirmar que la galaxia de Andrómeda se encuentra a más de dos millones de años-luz de la Tierra, es decir, alrededor de 18 trillones de kilómetros, y la luz que ahora recibimos de ella salió de allí hace más de dos millones de años, coincidiendo poco más o menos con la aparición del hombre sobre la Tierra.

No se detuvieron ahí los experimentos de Hubble. Continuando el trabajo de Slipher y con la ayuda de Milton Lasalle Humason, midió las velocidades de otras muchas galaxias y calculó su distancia. En 1929 asombró al mundo científico al publicar su famosa ley: *Cuanto más lejos está una galaxia, más aprisa se aleja de nosotros*. Dicho de otra forma: el universo se encuentra en estado de expansión. Las galaxias son como los fragmentos de una granada que ha hecho explosión, o como los puntos marcados en la superficie de un globo que se infla.

Desde entonces hasta ahora, la ley de Hubble se ha confirmado. Hoy se conocen galaxias y objetos estelares lejanísimos, situados a miles de millones de años-luz de distancia, con corrimientos hacia el rojo tan desmesurados que algunos de estos objetos parecen alejarse de nosotros

---

[5] La luminosidad aparente de un objeto disminuye en razón inversa del cuadrado de la distancia.

(de acuerdo con el efecto Doppler) con velocidades próximas a la de la luz.

Sin embargo, la idea de que el universo pudiera estar expandiéndose no cogió por sorpresa a los científicos. En 1917, Albert Einstein (1879-1955) publicó su teoría general de la relatividad, que conduce a una ecuación que predice la variación del volumen del universo en función del tiempo. Dependiendo de los valores de algunos parámetros, como la densidad media del cosmos, cuyo valor no se conocía con seguridad, se pueden obtener diversas soluciones. Algunas de éstas describen un universo en expansión, pero hasta que Hubble formuló su ley, nadie las había tomado demasiado en serio.

* * *

El hecho de que el cosmos se esté expandiendo como la superficie de un globo que se infla, tiene una consecuencia muy importante: en algún momento del pasado tuvo que ser muy pequeño. Es decir, la expansión hubo de comenzar en un instante determinado. Nuestro universo, tal como hoy lo conocemos, tuvo principio.

Algunos científicos se sintieron incómodos con esta situación. Si el cosmos tuvo principio, parece que habría que admitir que existen límites para la ciencia: el origen del tiempo y del universo escaparían del alcance del conocimiento humano. Por otra parte, se introduciría de alguna forma la necesidad de una acción trascendente: de un creador. También se adujeron razones estéticas para oponerse a la teoría de la explosión primitiva (*Big Bang*, en inglés), como el hecho de que, si casi todas las galaxias se alejan de nosotros, llegará un momento en que ya no podremos verlas, y entonces nos quedaremos solos, perdidos en un universo infinitamente vacío.

Puede parecer curioso que se recurra a este tipo de argumentos para justificar una teoría cosmológica, pero hay que tener en cuenta que los científicos somos seres humanos, sujetos a prejuicios e impulsos parcialmente irracionales, como todos los hombres.

En 1948, los astrónomos británicos Hermann Bondi y Thomas Gold publicaron la teoría del universo estacionario, muy divulgada después por los también británicos Fred Hoyle y Raymond A. Lyttleton[6]. De acuerdo con esta teoría, la densidad media del universo permanece constante a pesar de la expansión. Para conseguirlo, es preciso renunciar al principio de la conservación de la energía, el más sagrado de la física. La teoría del estado estacionario afirma que la materia se crea continuamente de forma espontánea, en proporción exacta para compensar el alejamiento de las galaxias. A lo largo de miles de millones de años, la materia creada se agrupará formando galaxias nuevas que sustituirán a las que se hayan alejado, por lo que no habrá peligro de sentirse solos.

Durante diecisiete años, la teoría del estado estacionario alcanzó gran favor entre los físicos y los astrónomos. Pero de pronto, inesperadamente, se descubrió un fenómeno que sólo tenía explicación si se aceptaban los supuestos de la explosión inicial de un universo supercompacto. La teoría del estado estacionario fue abandonada incluso por sus creadores. Después de todo, los científicos somos personas razonables.

Ese fenómeno clarificador es la radiación cósmica de fondo, descubierta en 1965 por Robert W. Wilson y Arno A. Penzias, quienes en 1978 recibieron por ello el Premio Nobel. El hallazgo se produjo

---

[6] Raymond Lyttleton, *The Modern Universe*, 1956. Arrow Books, 1960.

cuando el radiotelescopio con el que trabajaban captó un ruido de fondo extraño en la región del espectro de radio correspondiente a las microondas. Después de eliminar todas las causas posibles de origen terrestre, se llegó a la conclusión de que debía de provenir de una fuente extraterrestre.

Esta radiación tiene características muy peculiares: parece venir por igual de todas las direcciones del espacio; presenta una variación con la frecuencia prácticamente idéntica a la emisión de un cuerpo negro (un radiador perfecto) que se encontrase a una temperatura muy baja: unos tres grados por encima del cero absoluto. Lo curioso del caso es que su existencia había sido predicha dieciséis años antes por George Gamow, R. A. Alpher y Robert C. Herman, quienes habían partido de la hipótesis de que la teoría de la gran explosión era correcta. El triunfo de ésta fue, por tanto, completo.

$$* * *$$

Hoy, varias décadas después del descubrimiento de Wilson y Penzias, la teoría ha sido refinada y está lo bastante avanzada como para que sea posible describir con cierto detalle los sucesos que tuvieron lugar en el origen del tiempo. Esto es lo que, probablemente, sucedió:

Al principio, en el instante inicial de la gran explosión, el universo estaba increíblemente comprimido a temperatura y presión elevadísimas, pero no sabemos nada de lo que pasó antes de que transcurrieran 10^{-43} segundos (el tiempo de Planck), pues las dos teorías básicas de la física actual (la mecánica cuántica y la relatividad) tendrían que aplicarse simultáneamente antes de ese tiempo, y resulta que son contradictorias, necesitamos una nueva teoría unificada.

Esto no quiere decir que no existan teorías sobre lo que pudo ocurrir *antes del principio del universo* (si es que esa frase significa algo, pues el tiempo, como el espacio, es una propiedad del universo y no tiene por qué existir fuera de él). Se habla de universos múltiples, de *branas*, de la teoría M, y lo peor es que sus defensores presentan todas estas cosas como si fuese ciencia, cuando en realidad se trata de elucubraciones matemáticas y metafísicas sin base experimental alguna. Es obvio que no podemos realizar experimentos fuera del universo, y eso es lo que habría que hacer para comprobar estas teorías. En realidad, lo peor no es que no podamos comprobarlas, sino que ni siquiera se puede demostrar que sean incorrectas. Precisamente por eso no son científicas[7].

El motivo por el que muchos cosmólogos dejan correr su imaginación e inventan teorías sobre lo que pudo ocurrir antes del principio del universo es, en el fondo, religioso (o quizá deberíamos decir antirreligioso). Desde mediados del siglo XX, el ateísmo se encuentra a la defensiva frente a las teorías cosmológicas modernas y se aferra a lo que sea, con tal de seguir negando la existencia de Dios. Para algunos, el asidero fue, durante algún tiempo, la teoría del estado estacionario, pero al tener que renunciar a ella han buscado otras alternativas cada vez más extrañas y menos científicas, que justifican únicamente *porque las matemáticas son correctas*, olvidando aparentemente que con matemáticas correctas se pueden describir universos completamente diferentes. Pero sólo tenemos garantías de la existencia de uno de ellos: el nuestro.

En el instante del tiempo de Planck, la densidad media del universo era 10^{94} veces mayor que la del agua. El cosmos entero estaba concentrado en un volumen semejante al de un núcleo atómico. Los

---

[7] Karl R. Popper, *La lógica de la investigación científica*, Tecnos, 1962.

átomos, por supuesto, no existían. Según la versión del Big Bang llamada *teoría del universo inflacionario*, debida a Alan Guth y hoy bastante aceptada, la expansión habría sido al principio mucho más rápida, pero esta fase sólo habría durado una fracción de segundo.

Poco a poco, a medida que avanzaba la expansión, comenzaron a surgir partículas elementales, es decir, materia. Primero se formó una sopa de quarks, y cuando éstos se unieron entre sí, protones, neutrones, electrones y neutrinos, junto con sus antipartículas y otras más exóticas, que surgían y desaparecían continuamente. La densidad era tan alta, que una partícula no podía recorrer mucha distancia sin encontrarse con su antipartícula correspondiente. Cuando esto ocurría, ambas se aniquilaban mutuamente, convirtiéndose de nuevo en fotones, es decir, en energía.

Pero la expansión continuaba. Una milésima de segundo después del comienzo del tiempo, el volumen había aumentado de tal manera, que los protones y los neutrones ya no podían originarse espontáneamente. A partir de entonces, las componentes de la materia actual quedaban definitivamente constituidas.

A medida que el universo se expansionaba, la presión, la temperatura y la densidad disminuyeron. Un segundo después de la gran explosión, la temperatura había bajado hasta diez mil millones de grados, mientras la densidad media era aproximadamente igual a la del agua. Un minuto más tarde, la primera había descendido hasta algunos cientos de millones de grados. En ese momento, las condiciones favorecieron la fusión de protones y neutrones libres para formar núcleos más complejos: deuterio[8] y helio[9]. En pocos instantes, más del veinte por ciento de la materia se transformó en helio, que por esta razón es ahora el

---

[8] Forma pesada del hidrógeno constituida por un protón y un neutrón.
[9] Cuyo núcleo contiene dos protones y dos neutrones.

segundo elemento más abundante del universo[10]. Las reacciones de producción de helio se detuvieron cuando la temperatura disminuyó por debajo de un millón de grados, más o menos tres minutos después de la explosión inicial.

Demos ahora un gran salto hacia adelante: han transcurrido ya trescientos ochenta mil años desde el origen del cosmos y la temperatura ha descendido hasta los 3000 grados. En este momento, el universo en expansión nos dejó la firma o sello de su origen bajo la forma de la radiación cósmica de fondo. Veamos cómo sucedió.

Como se sabe, un átomo se compone de un núcleo constituido por protones y neutrones, alrededor del cual se mueven los electrones en número igual al de los protones del núcleo. Sin embargo, a temperaturas de varios miles de grados, los electrones son arrancados de sus órbitas por los choques continuos entre los átomos, que a esa temperatura se mueven a gran velocidad. La materia no está entonces constituida por átomos neutros, sino por una mezcla de núcleos con carga positiva y electrones libres. Se dice que está en estado de *plasma*.

La luz no puede atravesar una masa apreciable de plasma, pues los fotones que la componen son capturados por los núcleos y los electrones libres. Por ello, el plasma es opaco, mientras los gases ordinarios suelen ser transparentes, pues están formados por átomos neutros, que no reaccionan fácilmente con la luz.

Cuando el universo se enfrió por debajo de 3000 grados, los núcleos atómicos pudieron capturar electrones sin que éstos les fueran arrancados casi inmediatamente. Se formaron de pronto numerosos átomos neutros, y la mayor parte de la materia pasó del estado de plasma al estado

---

[10] El primero es el hidrógeno, cuyo núcleo está formado por un solo protón.

gaseoso. El cosmos, que hasta entonces había sido opaco, se hizo transparente. Esto sucedió de forma tan repentina, que debió de hacer el efecto de un enorme y cegador relámpago de luz. Por supuesto nadie quedó cegado, pues la vida en las condiciones del universo primitivo era imposible.

La expansión ha continuado durante trece a catorce mil millones de años, y algunos de los rayos de luz que surgieron entonces están llegando ahora hasta nosotros. ¿De dónde provienen?

Evidentemente, de puntos situados ahora entre trece y catorce mil millones de años luz de la Tierra, pues esa es la distancia que recorre la luz en ese tiempo. Pero, de acuerdo con la ley de Hubble, los corrimientos hacia el rojo de la luz procedente de las partes lejanas del universo en expansión son proporcionales a la distancia que las separa de nosotros. Si aplicamos dicho desplazamiento a la luz procedente del relámpago inicial que llega ahora a nuestra galaxia, su frecuencia habrá disminuido de tal modo que estas ondas electromagnéticas ya no pueden considerarse luz visible, sino microondas de radio. Puede demostrarse, además, que su aspecto correspondería al de la radiación de un cuerpo negro que se encuentre a una temperatura de menos de cinco grados por encima del cero absoluto.

Todas estas características las tiene la radiación cósmica de fondo. Por consiguiente, este ruido de radio de alta frecuencia que lo invade todo tiene que ser, precisamente, el residuo del relámpago inicial que estábamos buscando. Los fotones que llegan ahora hasta nosotros se produjeron trescientos mil años después del origen del universo. Tienen, por tanto, casi la edad de éste, y constituyen el rastro más antiguo que podemos descubrir, por medios físicos, de la gran explosión inicial, pues antes de ese momento el cosmos era opaco y ninguna señal electromagnética procedente de su interior puede alcanzarnos.

El lector recordará que a menudo aparecen en los periódicos noticias relacionadas con la radiación cósmica de fondo y fotografías de la misma obtenidas por radiotelescopios situados en satélites. Aunque, en general, como suelo decir a mis alumnos, las noticias científicas en la prensa suelen ser poco fiables, las fotografías usualmente sí lo son (aunque no necesariamente las interpretaciones que las acompañan). Estas fotos indican que la radiación cósmica de fondo exhibe alteraciones de temperatura diminutas en función de la dirección, lo que demuestra que el universo primitivo no era perfectamente uniforme. Debieron de surgir muy pronto pequeñas heterogeneidades: una acumulación mayor de materia aquí, un enrarecimiento allá... En las zonas de mayor densidad actuó con más intensidad el campo gravitatorio, cuyo efecto es acumulativo (cuanta más masa, más atracción; cuanta más atracción, más masa), lo que amplificó las heterogeneidades. Como resultado final del proceso, el universo adquirió estructura granular, con la materia condensada en grumos, entre los que se extienden inmensos espacios vacíos. Esos grumos son las galaxias primitivas, cuya formación tuvo lugar unos quinientos millones de años después del origen del universo.

Aunque la distancia entre las galaxias es muy grande, los efectos de la gravedad sobre las más próximas contrarrestan la expansión del universo, por lo que estos gigantescos objetos celestes tienden a agruparse en cúmulos, algunos de ellos enormes. Las galaxias de un cúmulo no se alejan entre sí y pueden acercarse temporalmente en el curso de sus desplazamientos relativos, como sucede con la de Andrómeda en relación con la Vía Láctea. Incluso en algunos casos parecen haberse producido colisiones entre dos galaxias, lo que a esa escala debe producir efectos increíblemente catastróficos.

Una vez que se formaron las galaxias, la materia que las componía no se distribuyó regularmente en el interior de su volumen. Pronto aparecieron desigualdades de densidad, nubes de gas y, por último, nacieron las primeras estrellas. Fenómenos como éstos siguen ocurriendo, ante nuestros propios ojos, en la galaxia de la Vía Láctea.

2. El primer nivel

Hace unos 4600 millones de años, una nube de gas y polvo comenzó a contraerse. En el centro de uno de sus núcleos de condensación, apareció una estrella nueva. Este fenómeno, que se ha repetido incontables veces en la historia de nuestra galaxia, fue especialmente significativo para nosotros, porque esa estrella era el Sol.

A diversas distancias de la estrella central, cerca del plano ecuatorial de rotación de la nebulosa, se formaron condensaciones secundarias que dieron lugar a los planetas del Sistema Solar. En las regiones más próximas al Sol, la temperatura era elevada, por lo que sólo las sustancias menos volátiles (hierro, silicatos) llegaron a formar conglomerados viables, que hoy son los planetas Mercurio, Venus, la Tierra y Marte, la Luna y algunos de los asteroides.

Tres de estos astros (Venus, la Tierra y Marte) crecieron lo suficiente para retener, por atracción gravitatoria, una atmósfera abundante en sustancias volátiles, como agua, nitrógeno y sus derivados, metano y anhídrido carbónico. A la temperatura reinante en las regiones interiores del Sistema Solar, no pudieron retener el hidrógeno y el helio, los gases más ligeros que existen, excepto en forma combinada con elementos más pesados. El helio, el más inerte de los elementos químicos, no se combina con ningún otro y está prácticamente ausente de la Tierra. El hidrógeno, por el contrario, es muy reactivo y se une con facilidad con el oxígeno, el nitrógeno y el carbono, relativamente abundantes en la nebulosa protosolar. Los compuestos así formados son el agua (H_2O), el metano (CH_4) y el amoniaco (NH_3). Se supone, por tanto, que la atmósfera terrestre primitiva pudo estar constituida por una mezcla de estos gases, junto con anhídrido carbónico (CO_2) y nitrógeno molecular (N_2).

Los planetas del Sistema Solar exterior, Júpiter, Saturno, Urano y Neptuno, se formaron en ambientes más fríos, por estar más lejos del núcleo de condensación. A temperaturas no mucho más altas que el cero absoluto, las moléculas de los gases ligeros se mueven poco y pueden ser retenidas por la atracción gravitatoria de cuerpos del tamaño de la Tierra. Se cree que los planetas gigantes tienen en su centro un núcleo sólido de este tipo, alrededor del cual se acumularon el hidrógeno, el helio y los restantes gases. Gracias a ello, estos planetas conservan una composición semejante a la de la nube primitiva, mientras que en el Sistema Solar interior se produjo una gran concentración de los elementos pesados en detrimento de los más ligeros y abundantes.

En el interior de la Tierra primitiva quedaron atrapados elementos radiactivos, como el uranio y el torio, procedentes de la explosión de supernovas próximas. Su proporción era entonces mayor de lo que es hoy, pues se han ido desintegrando poco a poco, durante miles de millones de años, y no pueden reponerse. Al desintegrarse liberan energía, que calienta el interior de la Tierra. La radiactividad fue tan abundante durante los primeros millones de años de la existencia de nuestro planeta, que éste se calentó mucho. Toda el agua disponible se encontraba entonces en estado gaseoso, formando una atmósfera mucho más densa que la actual, mientras la superficie de la Tierra llegó a fundirse o, al menos, a tomar consistencia viscosa.

Otro fenómeno que contribuyó al calentamiento de la Tierra primitiva fue un intenso bombardeo de meteoritos. Cuando el Sistema Solar era joven, el número de cuerpos pequeños que contenía era mucho mayor que en la actualidad. La probabilidad de que alguno de ellos colisionara con uno de los astros grandes era, por tanto, muy alta. En la Luna tenemos un muestrario de impactos de meteoritos, cuya edad aproximada puede calcularse por métodos estadísticos. Los estudios realizados demuestran que, hace más de 4000 millones de años, la superficie lunar recibía impactos a un ritmo miles de veces mayor que el actual. Con el tiempo, el número de meteoritos se redujo hasta que, hace unos 3000 millones de años, la tasa de formación de cráteres lunares descendió a valores próximos a los actuales.

Los datos obtenidos en la Luna han podido confirmarse con otros, procedentes de la exploración moderna de astros más lejanos cuya superficie está igualmente provista de cráteres: Mercurio, Marte y algunos satélites. Es evidente que la Tierra no pudo librarse del bombardeo, pero los cráteres han desaparecido en su mayor parte, borrados por la erosión y el desplazamiento de los continentes. A pesar de todo, se han descubierto huellas de impactos violentos en regiones terrestres muy antiguas, que han permanecido relativamente estables durante miles de millones de años. Una de estas regiones forma la mayor parte del Canadá.

Después de algunos cientos de millones de años, los elementos radiactivos de vida más breve se fueron agotando, los impactos de los meteoritos se hicieron menos frecuentes y la Tierra se enfrió. Hace 4100 ó 4200 millones de años, aparecieron las primeras rocas sólidas de la corteza, como las que se ha descubierto en Australia. Otras menos antiguas, encontradas en Groenlandia, con una edad de 3950 millones de años, están asociadas a sedimentos de la misma edad, lo que demuestra que por entonces existía ya en la Tierra agua en estado líquido.

* * *

Se cree que la vida surgió en la Tierra en seguida, pocos millones de años después de la solidificación de la corteza y de la aparición del océano. El experimento crucial que abrió camino a las ideas actuales respecto al origen de la vida tuvo lugar en 1952 y lo realizó el estadounidense Stanley Lloyd Miller, colaborador de Harold C. Urey, que llenó un recipiente con una mezcla de composición semejante a la que entonces se suponía tenía la atmósfera primitiva (metano, hidrógeno, amoníaco y agua), lo cerró herméticamente y lo sometió a descargas eléctricas durante una semana. El análisis de la mezcla resultante descubrió la presencia de sustancias orgánicas sencillas, que señalaban el camino hacia la aparición de la vida. Los compuestos más notorios que obtuvo pertenecían al grupo de los aminoácidos, los bloques fundamentales de las proteínas.

Si la Tierra primitiva hubiese tenido una atmósfera como la indicada, se habrían realizado en ella reacciones químicas parecidas, con la participación de una fuente de energía: las descargas eléctricas atmosféricas que acompañan a las tormentas (semejantes a las chispas que Miller utilizó en su mezcla); la energía térmica liberada por las erupciones volcánicas; las aguas termales que afloran desde el manto de la Tierra en las zonas de separación entre placas de la corteza terrestre, en las profundidades marinas; la descomposición de sustancias radiactivas; finalmente, los rayos ultravioleta del Sol. De estas cinco fuentes, las dos primeras aparecen irregularmente y tienen intensidad muy variable: no todos los días hay tormentas, y las erupciones volcánicas, aun cuando quizá eran más frecuentes hace cuatro mil millones de años, serían, de todos modos, relativamente raras.

Las aberturas hidrotermales, la radiactividad y los rayos ultravioleta son, por el contrario, fuentes de energía prácticamente constantes. Las dos últimas eran entonces mucho más intensas que hoy. La atmósfera primitiva de la Tierra era transparente para los rayos solares de longitud de onda más corta, que hoy son absorbidos por la ozonosfera, la capa de ozono que envuelve la Tierra a una altura de 30 a 40 kilómetros, que en aquel tiempo no existía. El experimento de Miller ha sido repetido por otros investigadores, utilizando rayos ultravioleta en lugar de descargas eléctricas, con resultados parecidos. Es evidente, por tanto, que en la Tierra primitiva pudieron producirse espontáneamente cantidades enormes de sustancias orgánicas sencillas. Se habla de billones de toneladas.

Pero no bastaba con la presencia de estos compuestos químicos. Era necesario, además, que después de su formación quedaran protegidos contra la destrucción por las mismas fuentes de energía que hicieron posible su origen. Las sustancias orgánicas son inestables. Las altas temperaturas y los rayos ultravioleta las descomponen otra vez en sus elementos constituyentes. En ausencia de protección, se habría alcanzado un equilibrio en el que la materia orgánica se destruiría con la misma rapidez con que se creara. Algo así ha podido suceder en el planeta Marte, en cuya superficie es tan grande la actividad de los rayos ultravioleta, que los análisis realizados por las cápsulas espaciales Vikingo 1 y 2 no descubrieron huellas claras de materia orgánica, ni siquiera la que se esperaba encontrar como resultado de impactos de meteoritos, en algunos de los cuales se han producido, por reacciones espontáneas, sustancias de este tipo.

¿Por qué no sucedió en la Tierra lo mismo que en Marte? Porque la Tierra, a diferencia del planeta vecino, tiene océanos: parte de su superficie está cubierta por agua en estado líquido. Una gran parte de las sustancias orgánicas producidas espontáneamente cayeron al mar y se hundieron. La masa tridimensional del océano les proporcionó un medio en el que podían moverse libremente y reaccionar con facilidad, mientras las moléculas de agua actuaban como una pantalla que les protegía de los rayos ultravioleta.

Se calcula que la materia orgánica se acumuló hasta tal punto en el océano, que su concentración pudo llegar hasta el uno por ciento. Como el peso del agua del océano rebasa el trillón de toneladas, si la cifra anterior es correcta, la cantidad de materia orgánica que contenía era mayor que cien mil billones de toneladas. No es extraño que en la nomenclatura científica se designe al océano primitivo con el nombre de *sopa primordial*.

En los experimentos realizados después de 1952 para simular los procesos que tuvieron lugar en la Tierra durante los primeros millones de años de su historia, la composición de las mezclas básicas se ha ido complicando progresivamente: las sustancias obtenidas como resultado de un ensayo se introducían desde el principio en la fase siguiente, puesto que ya era razonable dar por supuesta su existencia en la Tierra primitiva. Así fue como el químico español Juan Oró (1923-2004) preparó, en 1961, mezclas que contenían ácido cianhídrico, que figuraba entre los compuestos obtenidos en 1952. Sometida la mezcla a descargas de energía, descubrió la presencia de adenina entre los productos resultantes. Un año después añadió aldehído fórmico a la composición inicial y obtuvo dos azúcares: ribosa y desoxirribosa.

* * *

Si los aminoácidos conseguidos en 1952 por Miller abrían el camino hacia las proteínas, las tres sustancias obtenidas por Oró constituían el primer eslabón en la cadena que conduce a otras moléculas enormemente complejas, que forman parte fundamental de todos los seres vivos y que poseen propiedades tales que hoy parece razonable atribuirles la cualidad de estar *vivas*: los ácidos nucleicos.

Las moléculas de los ácidos nucleicos tienen estructura lineal, formada por el ensamblaje de unidades más cortas, llamadas nucleótidos. El bioquímico alemán Albrecht Kossel (1853-1927) recibió en 1910 el Premio Nobel de Fisiología y Medicina por el descubrimiento de la estructura química de estos bloques elementales. Cada uno de ellos se compone, a su vez, de la unión de tres sustancias más sencillas: ácido fosfórico (PO_4H_3), un azúcar y una base nitrogenada púrica o pirimidínica. Dependiendo de la base y del azúcar, existen ocho tipos diferentes de nucleótidos.

Los azúcares que forman parte del nucleótido tienen cinco átomos de carbono y se llaman, por ello, pentosas[11]. Su estructura es semejante a la del azúcar de miel ordinario, la glucosa, que tiene seis átomos de carbono y, por tanto, pertenece al grupo de las hexosas[12]. En los nucleótidos de los ácidos nucleicos pueden aparecer dos pentosas diferentes. La primera, la *ribosa*, fue sintetizada en 1901 por el

---

[11] La terminación *osa* se utiliza en Química para dar nombre a los hidratos de carbono o azúcares; la palabra griega *penta* significa cinco.
[12] Del griego *hexa*, seis.

bioquímico alemán Emil Fischer (1852-1919), quien el año siguiente recibió el Premio Nobel de Química. La síntesis de la ribosa tuvo lugar antes de que se descubriera su presencia en los ácidos nucleicos, lo que no sucedió hasta 1908. Su fórmula reducida es $C_5H_{10}O_5$. La segunda pentosa es la *desoxirribosa*, idéntica a la ribosa salvo por la falta de un átomo de oxígeno (de ahí su nombre). Su fórmula reducida es $C_5H_{10}O_4$.

En cuanto a las bases nitrogenadas, existen cinco tipos diferentes: adenina (una de las sustancias obtenidas por Oró), guanina, citosina, timina y uracilo.

Hemos visto que un nucleótido consta de una molécula de ácido fosfórico combinada con una pentosa y una base nitrogenada. Puesto que hay dos pentosas distintas, cinco bases y un solo tipo de ácido fosfórico, en teoría podrían formarse diez combinaciones diferentes. Sin embargo, dos de ellas no se dan en estado natural: ribosa con timina y desoxirribosa con uracilo.

Para formar un nucleótido, la pentosa se combina por un lado con el ácido fosfórico y por el otro con la base nitrogenada. El resultado es la cadena Fosfórico-Pentosa-Base. Varios nucleótidos pueden unirse entre sí a través de enlaces que ligan el ácido fosfórico de uno con la pentosa del otro. Este proceso puede repetirse muchas veces, lo que da lugar a la aparición de cadenas muy largas: los ácidos nucleicos.

La primera realización artificial de una reacción de este tipo ganó para Severo Ochoa el Premio Nobel de Fisiología y Medicina en 1959.

Los nucleótidos no se unen indiscriminadamente para formar ácidos nucleicos. Existe una restricción importante: o bien todos ellos contienen ribosa, en cuyo caso el complejo resultante se llama ácido ribonucleico (ARN en abreviatura), o bien todos contienen desoxirribosa, dando lugar a los ácidos desoxirribonucleicos (ADN). No existen, en cambio, restricciones respecto a las bases nitrogenadas que penden de los eslabones de la cadena. Cualquiera de las cuatro posibles en cada caso (adenina, guanina, citosina y uracilo en el ARN; adenina, guanina, citosina y timina en el ADN) puede aparecer en la sucesión, lo que significa que no existe un ácido nucleico único de cada tipo, sino un número enorme de combinaciones posibles.

¿Cuántas? Hagamos algunos cálculos. Una molécula de ácido desoxirribonucleico de un virus puede contener varios miles de nucleótidos. La cifra aumenta hasta varios millones en las bacterias, y hasta miles de millones en las células de los mamíferos. En 1976 se obtuvo por primera vez la secuencia completa de bases en el ADN de un virus pequeño, ϕX174, cuya molécula contiene 5375 nucleótidos. Cada una de las 5375 bases nitrogenadas podría haber pertenecido a una de las cuatro especies indicadas más arriba: adenina, guanina, citosina y timina, pues todas son intercambiables. Resulta así que la molécula de ADN del virus ϕX174 es una entre todas las combinaciones posibles que podrían formarse con las cuatro bases, en cadenas de 5375 elementos. Ese número de combinaciones es igual a $4^{5375} = 1,2 \times 10^{3236}$, es decir, un número que se formaría con un uno y un dos seguidos por 3235 ceros. Para escribirlo serían necesarias cincuenta y cuatro líneas de un libro ordinario, algo más de una página y media.

Al lector que tenga experiencia con las matemáticas no le resultará difícil darse cuenta de la magnitud de estos números. Para el que no la tenga, quizá pueda hacerse una idea, observando la tabla 2.1, de la rapidez con que crecen los números exponenciales. Recordemos, además, que ϕX174 es uno de los virus más pequeños. El grado de variedad contenido en potencia en la estructura de los seres naturales es impresionante.

Número	Nombre	Ejemplos de magnitudes aproximadas
10^6	Millón	N° de habitantes de una gran ciudad Tirada de un gran periódico Producción mundial anual de oro en kg N° de ordenaciones de 10 personas en fila
10^{12}	Billón	Producción mundial anual de carbón (kg) Producción mundial anual de gas natural (m3) N° de ordenaciones de 15 personas en fila
10^{24}	Cuatrillón	Edad del universo en millonésimas de segundo N° de moléculas en 33 litros de un gas Peso total del agua de los océanos en gramos N° de ordenaciones de 24 personas en fila
10^{48}	Octillón	N° de ordenaciones de las cartas de la baraja N° de partículas elementales en los océanos N° de ordenaciones de 40 personas en fila
10^{80}		N° de partículas elementales en el universo visible.
10^{158}		N° de ordenaciones de 100 personas en fila
10^{375}		N° de ordenaciones de 200 personas en fila
10^{2567}		N° de ordenaciones de 1000 personas en fila

Tabla 2.1. Crecimiento de los números exponenciales

Hemos visto que los nucleótidos del ADN forman largas cadenas en cuyos eslabones se alternan grupos de ácido fosfórico y pentosa, de los que penden las bases púricas y pirimidínicas. En la práctica, la cadena resultante no sigue una línea recta, sino que se curva.

Además, las bases púricas y pirimidínicas también pueden unirse entre sí mediante un enlace químico especial, menos enérgico, llamado *puente de hidrógeno*, porque se lleva a cabo a través de un átomo de este elemento. La adenina puede formar un enlace así con el uracilo y con la timina, mientras que la guanina puede unirse con la citosina. Esto significa que una cadena de un ácido nucleico puede formar una estructura relativamente estable uniéndose con otra cadena cuyas bases sean complementarias (que puedan formar con ella puentes de hidrógeno). Por ejemplo, las dos cadenas siguientes son complementarias:

```
G A T T A C A
C T A A T G T
```

donde A=Adenina, G=guanina, C=citosina, T=Timina. Si la complementariedad se extiende a toda la cadena, ambas formarán un único conjunto, enrollándose en una doble hélice cuya forma se asemeja a la de una escalera de caracol con peldaños. La estructura del ADN fue descubierta por el biólogo estadounidense James Dewey Watson y por los británicos Francis H. Compton Crick y Maurice Hugh F. Wilkins, quienes recibieron por ello el Premio Nobel de Fisiología y Medicina en 1962.

Si las dos cadenas de ácido nucleico se separan, porque se han roto los puentes de hidrógeno entre sus respectivas bases nitrogenadas, cada una de ellas es capaz de generar su respectiva cadena complementaria a partir de los bloques elementales (los nucleótidos), a través de mecanismos en cuya descripción no vamos a entrar aquí. De este modo, donde antes teníamos una sola macromolécula doble de ácido nucleico, nos encontramos ahora con dos copias exactas. Es decir, las moléculas de estos compuestos orgánicos son capaces de reproducirse.

* * *

Surge así una pregunta interesante: ¿estarán vivos los ácidos nucleicos? que nos lleva inmediatamente a otra cuestión previa: ¿qué es, exactamente, un ser viviente? ¿Cómo definimos la *vida*? Antes de leer los párrafos siguientes, sugiero que el lector trate de contestar por sí mismo a esta pregunta. Si lo piensa bien, verá que es más complicado de lo que parece a primera vista.

De acuerdo con la interpretación filosófica tradicional de las civilizaciones grecolatina y occidental medieval, un ser vivo es *un ente organizado, dotado de movimiento continuo e inmanente*, es decir, un ser complejo y formado de partes más sencillas ensambladas entre sí, capaz de moverse por sí mismo.

Esta definición de la vida no resulta hoy satisfactoria. Existen máquinas creadas por la tecnología humana que deben considerarse seres organizados, complejos y compuestos de partes sencillas. Algunas están dotadas de movimiento propio. Sin embargo, nadie sostiene que una cápsula espacial o un coche estén vivos.

En segundo lugar, no tenemos la más mínima duda de que cada una de las células que componen el cuerpo humano está viva, a pesar de que muchas carecen de movimiento propio durante la mayor parte de su vida. Piénsese en las células óseas, por ejemplo. La definición de *vida* dada arriba tiene que ser incorrecta, pues no se aplica a algunos seres vivos, pero sí a otros que no lo son. Es preciso encontrar una alternativa mejor.

Una definición algo más moderna, aceptada por los biólogos de los últimos siglos, define al ser viviente como *un ente que nace, crece, se nutre, se reproduce y, algunas veces, muere*. La restricción aplicada a la muerte se debe a la existencia de seres unicelulares (y algunos pluricelulares) capaces de dividirse en dos organismos diferentes e independientes, que continúan viviendo y reproduciéndose indefinidamente, sin pasar nunca (a menos que sufran un accidente o se conviertan en presa de un predador) por una verdadera muerte biológica.

El biólogo moderno define la vida en función de actividades propias de los seres vivos, que los diferencian de los inertes. Se trata, por consiguiente, de una definición funcional, no estructural, y los caracteres distintivos elegidos se agrupan normalmente en tres categorías: funciones de nutrición, de relación, y de reproducción. Las primeras permiten al ser vivo intercambiar materia y energía con el ambiente que le rodea; las segundas le capacitan para reaccionar a los estímulos que recibe de dicho ambiente; las terceras dan lugar a la aparición de seres vivos nuevos que sustituyen o se añaden a los existentes.

El desarrollo enorme alcanzado por la tecnología occidental a partir de la revolución industrial ha dado lugar a la aparición de máquinas cada vez más complejas, que muchas veces funcionan de forma análoga a la de algunos seres vivientes. Existen computadoras electrónicas capaces de extraer energía del ambiente que les rodea, que poseen sensores que les permiten medir ciertas variables físico-químicas y producen respuestas que dependen de los valores obtenidos. Se puede afirmar que estas máquinas están en condiciones de realizar funciones de nutrición y relación semejantes (aunque no idénticas) a las de los seres vivos. Sin embargo, aunque se ha teorizado sobre la posibilidad de construir máquinas autorreproductoras, esta función biológica sigue siendo, por el momento, exclusiva de los seres vivos. Por ello se tiende a considerarla como la piedra de toque que permite clasificar a un ser cualquiera como vivo o como inerte.

Parece, por consiguiente, que una molécula de ácido nucleico, que es capaz de reproducirse espontáneamente, debería considerarse como un ser vivo de pleno derecho, aún cuando se trate de una molécula aislada. De hecho, este es el punto de vista sostenido actualmente por bastantes biólogos, y ésta es la razón que movió al estadounidense Hermann Joseph Muller (1890-1967), premio Nobel de Medicina en 1946 por sus estudios sobre los efectos genéticos de los rayos X, a afirmar que ya se ha sintetizado la vida en el laboratorio, porque en 1955 el español Severo Ochoa obtuvo por primera vez una molécula de ácido ribonucleico no natural, ensamblándola a partir de componentes más sencillos (nucleótidos). Este experimento le valió el Premio Nobel de Medicina y Fisiología, cuatro años más tarde.

Podemos, por tanto, considerar que los ácidos nucleicos son los seres vivos más sencillos y elementales, constituyendo esta etapa de la evolución el primero y más antiguo nivel de la vida, que probablemente apareció sobre la Tierra hace unos 4000 millones de años.

* * *

¿Existen actualmente en nuestro planeta seres vivos formados exclusivamente por moléculas de ácidos nucleicos, capaces de reproducirse indefinidamente y que vivan total o parcialmente aislados? No es seguro que la respuesta a esta pregunta sea afirmativa, pero al menos conocemos tres grupos de seres que se aproximan a ello: los virus, los plásmidos y los viroides. Parece lógico suponer que los primeros individuos vivos que aparecieron sobre la Tierra pertenecían también a la categoría de los ácidos nucleicos aislados.

Los virus fueron descubiertos a finales del siglo pasado en relación con ciertas enfermedades cuyos gérmenes, mucho más pequeños que las bacterias, lograban atravesar los filtros más finos de que entonces se disponía. Se les llamó, por ello, virus filtrables[13]. A lo largo del siglo XX se descubrieron diversas enfermedades producidas por virus, tanto en el hombre como en los animales y en las plantas. Algunas de estas enfermedades son comunes y relativamente benignas, como la gripe, el resfriado, el sarampión y la varicela, mientras que otras son terribles: la poliomielitis, la viruela (ya erradicada), la hidrofobia y el SIDA, por ejemplo.

En 1935, el bioquímico estadounidense Wendell Meredith Stanley (premio Nobel 1946) aisló por primera vez en estado puro un virus que le produce a la planta del tabaco una enfermedad llamada mosaico. Cuál no sería su sorpresa cuando comprobó que el virus concentrado formaba estructuras cristalinas, como si se tratara de una sustancia química corriente. Durante algún tiempo se discutió si procedía considerar a los virus como seres vivos, pues la coexistencia del estado cristalino con la vida parecía incompatible.

Los virus son seres vivos muy pequeños. Contienen una molécula única de ADN o ARN, encerrada en el interior de una cápsula de proteínas, donde a veces se encuentran también grasas e hidratos de carbono. Son seres incompletos, incapaces de reproducirse por sí mismos, que parasitan a las células y hacen uso de la maquinaria de éstas para producir sus propias copias y perpetuar su especie. Por esta razón, y

---

[13] La palabra latina *virus* significa veneno.

porque su estructura es relativamente complicada, hoy se piensa que tal vez no se trate de verdaderos seres vivos del primer nivel, sino de células degeneradas y reducidas al parasitismo.

Los plásmidos fueron descubiertos en 1952 por Joshua Lederberg, quien observó que en ciertas bacterias capaces de conjugarse (intercambiar información genética), algunos genes se transmiten con mayor frecuencia que otros. Investigaciones posteriores demostraron que dichos genes se encuentran en la bacteria, a veces aislados, a veces unidos a un cromosoma, y que son capaces de reproducirse independientemente y de transmitirse por conjugación, incluso entre bacterias de especies diferentes.

Los plásmidos son moléculas pequeñas de ADN, con unas pocas decenas de miles de nucleótidos, que viven dentro de una bacteria sin dañarla, en un acuerdo mutuo o simbiosis[14], del que ambos obtienen beneficios. El plásmido puede aprovechar la maquinaria celular para reproducirse, mientras que sus genes proporcionan a la bacteria sustancias que ella habría sido incapaz de producir y que pueden conferirle propiedades favorables, como la resistencia a ciertos antibióticos.

Hoy día se conocen muchos plásmidos, no solo en las bacterias, sino también en células de organismos pluricelulares, siendo a veces responsables de procesos biológicos importantes, como la aparición de ciertas enfermedades, la fermentación de la leche para producir queso, la degradación de hidrocarburos por bacterias, etc.

---

[14] Del griego *syn* (junto), *bios* (vida). Simbiosis significa, por tanto, *vida en común*.

La independencia de los plásmidos respecto a la célula que los alberga es tan grande, que a veces son capaces de sobrevivir cuando muere su hospedador, gracias a la facilidad con que pueden ligarse a otras moléculas de ADN (incluso de virus) y transmitirse de unas células a otras.

Se ignora cuál haya sido el origen de los plásmidos. Quizá sean residuos de una forma de vida antiquísima, próxima al origen de nuestro planeta, constituida por moléculas aisladas de ADN. Sin embargo, esto no es seguro, pues son incapaces de vivir y reproducirse indefinidamente fuera de las células anfitrionas, por lo que podría tratarse de seres degenerados que hayan retrocedido hasta el primer nivel de la vida a partir de células completas. Tal vez, al entrar en simbiosis estrecha con otros seres vivos, se hayan visto obligadas a renunciar a toda su maquinaria celular, con excepción de la información genética indispensable para asegurar su subsistencia.

Por último, los viroides, descubiertos hacia 1962 por Theodor O. Diener y William B. Raymer, son moléculas de ARN extremadamente cortas que pertenecen a una familia nueva de parásitos celulares, que producen enfermedades en las plantas y, quizá, en los animales y en el hombre. El viroide de la patata, que provoca la aparición de tubérculos fusiformes, tiene solamente 359 nucleótidos en una cadena única, a veces circular, que bajo ciertas condiciones se aparea consigo misma, a través de puentes de hidrógeno entre sus bases, para formar una estructura lineal aplastada. Hoy se conocen varios viroides que atacan a las plantas superiores, pero se sospecha que algún ser perteneciente a este grupo podría ser responsable de ciertas dolencias animales o humanas cuya causa aún no ha sido descubierta.

Se ignora cómo una molécula de ARN tan pequeña es capaz de reproducirse, puesto que ni siquiera contiene suficiente información genética para codificar una sola proteína. Hasta su descubrimiento se creía que la masa genética mínima necesaria para asegurar la independencia reproductora de un ácido nucleico parásito debía contener (como un virus) por lo menos algunos miles de nucleótidos. Pero los viroides han roto los moldes y han abierto nuevos caminos de investigación sobre los mecanismos de reproducción de los ácidos nucleicos que permitan explicar el enigma de estos seres diminutos, quizá los más pequeños que existen. Algunas de estas investigaciones ya han dado resultado: se ha observado una asombrosa semejanza entre los viroides y ciertas cadenas de ADN que forman parte de los cromosomas de todas las células vivas. Se sospecha que los viroides podrían haber escapado del funcionamiento normal de la célula para adoptar un estilo de vida independiente y patógeno.

Es posible que ni los plásmidos ni los viroides representen las primeras formas de vida sobre la Tierra. Los seres vivos del primer nivel fueron probablemente moléculas de ácidos nucleicos capaces de reproducirse en libertad, en ausencia de células, mediante algún mecanismo que hoy ignoramos, que quizá haya sido abandonado por sus descendientes, si el transcurso de la evolución les permitió desarrollar métodos más eficaces. En cualquier caso, tuvo que haber un tiempo en la historia de nuestro planeta durante el cual las moléculas de los ácidos nucleicos fueran los únicos seres vivos que existían en las aguas del océano primitivo. De alguno de esos seres elementales descendemos todas las formas de vida que hoy poblamos la Tierra.

3. El segundo nivel

Es posible que ya en tiempos de la civilización mesopotámica se supiera que ciertos objetos transparentes de caras curvas tienen la propiedad de aumentar el tamaño de los cuerpos que se ven a través de ellos. En las ruinas de Nínive, la tristemente célebre capital del terrible imperio asirio, se descubrió un trozo de cuarzo con una cara plana y la otra convexa, que quizá fuera utilizado como lupa. Estos objetos se denominan lentes, palabra que procede del latín *lens*, que significa lenteja. El término fue aplicado al cristalino del ojo por el médico griego Rufo de Éfeso, hacia finales del siglo primero de nuestra era.

También la civilización china conoció el uso de las lentes y las aplicó para corregir los defectos oculares, en forma de gafas. En 1275, Marco Polo fue testigo de su uso en la corte imperial. No se sabe exactamente quién fue el primero que las introdujo en Europa occidental, aunque a finales del siglo XV existían ya fabricantes de gafas en Alemania. La nueva profesión fue extendiéndose a los países vecinos, especialmente a Holanda.

A finales del siglo XVI, el fabricante holandés de gafas Zacharias Jansen situó dos lentes en los extremos de un tubo largo, de unos dos metros de longitud, que se convirtió en el primer microscopio compuesto, llamado así por tener más de una lente, en contraposición al simple, que sólo tiene una. A partir de entonces, la técnica de construcción de microscopios mejoró lentamente. Hacia 1665, el físico e inventor inglés Robert Hooke (1635-1703) construyó uno bastante perfeccionado, mediante el cual descubrió la estructura microscópica del corcho y dio el nombre de *célula* a cada uno de los diminutos orificios esféricos que contiene. Este nombre, importantísimo en la biología moderna, procede del latín *cellula* (celdilla, habitación muy pequeña) y apareció por primera vez en el libro de Hooke *Micrographia. Some Physiological Descriptions of Minute Bodies*[15], publicado ese año.

Poco después del descubrimiento de Hooke, se produjo una revolución en las técnicas de tallado de lentes y de construcción de microscopios. Su artífice fue el holandés Antony van Leeuwenhoek (1632-1723) cuyos montajes microscópicos se hicieron famosos en toda Europa. A pesar de su falta de educación oficial, estos montajes le valieron el ingreso en la Royal Society inglesa, la institución científica más importante de entonces, y atrajeron hasta su pequeño museo a multitud de investigadores y personajes célebres de su tiempo, incluidos varios miembros de las casas reales europeas.

Van Leeuwenhoek es hoy famoso por ser el descubridor de los microorganismos: seres vivos de tamaño minúsculo, cuya existencia se había ignorado hasta entonces. Entre los que él describió figuran los espermatozoides y los glóbulos rojos del hombre, las levaduras e infusorios y algunas bacterias. Los dos primeros pertenecen a organismos de orden superior, formados por miles de millones de células, pero los restantes son seres vivos completos, capaces de nutrirse, relacionarse con el medio, reproducirse y hacer vida independiente.

Los organismos unicelulares (formados por una sola célula) son claramente distintos de los ácidos nucleicos aislados que estudiamos en

---

[15] Micrografía. Algunas Descripciones Fisiológicas de Objetos Diminutos.

el capítulo anterior bajo el epígrafe del *primer nivel de la vida*. Pero no todas las células son iguales. Existen dos clases principales, muy fáciles de diferenciar. Unas, más simples, se llaman *procariotas*[16], las otras, más complejas, son las *eucariotas*[17]. Hablaremos en primer lugar de las células procariotas que, como indica su nombre, son las más antiguas. Más adelante nos ocuparemos de las eucariotas.

Una célula procariota está constituida por una masa líquida gelatinosa llamada *protoplasma*[18], rodeada por una membrana lípido-proteica que la aísla del medio exterior. El protoplasma contiene numerosas sustancias disueltas y en suspensión, así como cierto número de órganos celulares que realizan misiones específicas. Entre las moléculas contenidas en el protoplasma se encuentran todos los principios fundamentales de la materia viva: glúcidos o hidratos de carbono; lípidos, especialmente grasas; y proteínas o sustancias proteicas. Hay también diversos ácidos nucleicos en sus dos formas: ADN y ARN. La doble hélice de los ácidos desoxirribonucleicos contiene la información genética del organismo, dirige la maquinaria celular y supervisa la reproducción, mientras los ácidos ribonucleicos desempeñan el papel de mensajeros entre las moléculas gigantes de ADN y ciertos orgánulos celulares (los *ribosomas*) encargados de la síntesis de las proteínas.

La misión de las proteínas es doble: algunas contribuyen al mantenimiento de la estructura celular, en la membrana o en el interior

---

[16] Del griego *pro* (antes), *carion* (núcleo). Procariotas significa, por tanto, *anteriores al núcleo*.
[17] Del griego *eu* (verdadero). Eucariotas se aplica a las células que tienen *verdadero núcleo*.
[18] Del griego *protos* (primero), *plasma* (forma moldeada). Es decir, la forma moldeada más antigua.

del protoplasma; otras son enzimas, catalizadores que ayudan a la célula a realizar reacciones químicas: desde la síntesis de productos orgánicos complejos, hasta la respiración celular.

Un ser unicelular procariota se comporta como un individuo independiente y único a pesar de que en su interior conviven muchas moléculas de ácidos nucleicos de todo tipo, a los que en el capítulo anterior reconocimos la cualidad vital y la capacidad reproductora. Una célula procariota es, por tanto, un superorganismo, un ser de segundo nivel, que contiene dentro de sí varios seres vivos del primer nivel, que actúan de forma coordinada, abandonando hasta cierto punto su individualidad en favor del ser de orden superior que entre todos componen. Veamos cómo se produce esta integración de esfuerzos.

La estructura física y el comportamiento de la célula vienen determinados principalmente por las proteínas que contiene. Éstas son moléculas orgánicas complejas construidas por el ensamblaje de varios centenares de unidades pequeñas llamadas aminoácidos. Es obvio el paralelismo de las proteínas con los ácidos nucleicos, que también están constituidos por cadenas de elementos más sencillos, en este caso los nucleótidos. Los seres vivos del segundo nivel han aprovechado este paralelismo para representar la serie de aminoácidos de las proteínas mediante la secuencia de bases de los ácidos nucleicos. De este modo, la composición de todas las proteínas que puede fabricar una célula viva está codificada en unas pocas moléculas de ADN, capaces de reproducirse. El sistema de representación utilizado por las células se llama *código genético*.

Existe, sin embargo, una diferencia entre las proteínas y los ácidos nucleicos: estos están formados por la combinación de cuatro nucleótidos diferentes, mientras que los aminoácidos que forman parte de las proteínas pueden pertenecer a veinte tipos distintos. Es evidente que la sucesión de aminoácidos de una proteína no puede representarse mediante un número igual de nucleótidos.

El problema se reduce a representar veinte objetos con un código formado por cuatro letras distintas. Para el lector con una base matemática, la solución salta a la vista. Para los demás, avanzaremos gradualmente. Observemos, en primer lugar, que no basta con usar dos nucleótidos por aminoácido. Si representamos cada nucleótido de ADN por su base: A (adenina), G (guanina), C (citosina) y T (timina), puede comprobarse que sólo existen dieciséis combinaciones diferentes de parejas de nucleótidos, a saber:

AA AG AC AT GA GG GC GT CA CG CC CT TA TG TC TT

mientras que los aminoácidos son veinte. Con tres nucleótidos, sin embargo, pueden formarse 64 combinaciones diferentes, lo que es más que suficiente. De hecho, sobran 44. ¿Sirven para algo? Sí. No existe una sola combinación de tres nucleótidos que carezca de sentido. Esto significa que algunos aminoácidos pueden venir representados por varios tripletes diferentes: el código genético es redundante. Además, hay tripletes especiales que no representan a ningún aminoácido, sino que indican dónde termina la cadena de nucleótidos que representa una proteína determinada. Gracias a ellos, una sola molécula gigante de ADN puede contener la información codificada de la estructura de centenares o miles de proteínas. Cada una de las subcadenas de ADN que representa a una proteína determinada se llama *gen*.

Aminoácido	Tripletes de nucleótidos
Fenilalanina	UUC, UUU
Leucina	UUA, UUG, CUA, CUG, CUC, CUU
Serina	UCA, UCG, UCC, UCU, AGC, AGU
Tirosina	UAC, UAU
Cisteína	UGC, UGU
Triptófano	UGG
Prolina	CCA, CCG, CCC, CCU
Histidina	CAC, CAU
Glutamina	CAA, CAG
Arginina	CGA, CGG, CGC, CGU, AGA, AGG
Isoleucina	AUA, AUC, AUU
Metionina	AUG
Treonina	ACA, ACG, ACC, ACU
Asparagina	AAC, AAU
Lisina	AAA, AAG
Valina	GUA, GUG, GUC, GUU
Alanina	GCA, GCG, GCC, GCU
Acido aspártico	GAC, GAU
Acido glutámico	GAA, GAG
Glicina	GGA, GGG, GGC, GGU
Final de cadena	UAA, UAG, UGA

Tabla 3.1. Código genético de las células procariotas

La tabla 3.1 contiene el código genético correspondiente a las células procariotas, indicado en nucleótidos de ARN, en lugar de ADN. Como sabemos, en el ARN el uracilo (representado por una U) sustituye a la timina.

Se observará que algunos aminoácidos están representados por un solo triplete; otros, en cambio, por dos, tres, cuatro y hasta seis códigos diferentes. Cada uno de los grupos de tres nucleótidos que codifican a un aminoácido se llama *codón*.

La síntesis de una proteína es un proceso complejo que pasa por varias fases. Normalmente el gen está inactivo, ligado electrostáticamente con una proteína especial (llamada *represora*) que le envuelve e impide su funcionamiento. En un momento determinado, cuando se hace necesaria la proteína correspondiente, aparece en la célula otra sustancia que se liga químicamente con el represor que inactiva al gen, alejándolo de éste. Al quedar desnuda la cadena de ADN (se dice que el gen está activo), la doble hélice se separa en esa zona, por ruptura de los enlaces de puente de hidrógeno. Una de las dos copias del gen genera entonces una copia en forma de ARN.

La molécula de ARN obtenida (llamada *ARN mensajero*, ARN-m en abreviatura) es mucho más pequeña que la de ADN, puesto que sólo contiene la información correspondiente a un gen, mientras que el ADN contiene muchos genes. El mecanismo de la producción de ARN mensajero termina siempre en uno de los codones del ADN que indican el principio y el final del gen. Puesto que el ARN-m corresponde a una sola proteína, ya no necesita indicadores especiales y sólo contiene información respecto al orden de los aminoácidos.

Una vez finalizada la síntesis del ARN-m, éste se separa del ADN y se dirige hacia un corpúsculo celular llamado *ribosoma*. Entonces entra en juego un tercer tipo de ácido nucleico: una serie de cadenas de ARN mucho más cortas que las anteriores, que se denominan *ARN de transferencia* (ARN-t). En el interior de todas las células existen 61 tipos de estas moléculas, cada una de las cuales contiene en uno de sus extremos un *anticodón*, es decir, una subcadena de tres nucleótidos, complementaria respecto a uno de los codones que codifican un aminoácido. Al mismo tiempo, el otro extremo de la molécula es capaz de ligarse, a través de un enlace químico covalente, precisamente con ese aminoácido y sólo con él.

En el interior del ribosoma, el anticodón de una molécula de ARN-t enlaza, a través de puentes de hidrógeno, con su codón complementario en el ARN-m. Los aminoácidos ligados a dos cadenas consecutivas de ARN-t se combinan entre sí y se separan del ARN-t. A medida que el ARN-m atraviesa el ribosoma como un hilo que se enhebra en una aguja, la cadena de aminoácidos va creciendo, hasta que, cuando el ARN-m ha atravesado por completo el ribosoma, la proteína ha quedado totalmente construida con la secuencia de aminoácidos correcta.

Hemos visto que en la síntesis de las proteínas intervienen tres ácidos nucleicos: las grandes moléculas de ADN, que condensan toda la información genética de la célula; las moléculas medianas de ARN mensajero, que dirigen la síntesis de una sola proteína; y las pequeñas moléculas de ARN de transferencia, que controlan el ensamblaje de cada aminoácido. Además, dentro de los ribosomas hay moléculas adicionales de ARN, que intervienen en el ensamblaje.

Parece que la célula procariota no tardó mucho en aparecer, una vez que la evolución química dio lugar a la génesis de las moléculas complejas: proteínas y ácidos nucleicos. Sin embargo, el origen de las primeras células vivas no está claro. Algunos biólogos creen que pudo producirse una evolución paralela entre las proteínas y los ácidos nucleicos, que pudo estar relativamente avanzada antes de que los dos procesos se ensamblaran entre sí.

Es probable que las células vivas más antiguas no fuesen muy diferentes de las más sencillas de las actuales. Los organismos más pequeños capaces de hacer vida independiente sin parasitar a otras células (como ocurre con los virus) son los *mycoplasmatales*, que causan enfermedades en algunos animales domésticos y posiblemente en el hombre. Algunas de estas células miden una diezmilésima de milímetro y pesan menos de una milbillonésima de gramo. Su estructura está simplificada hasta tal punto, que los ácidos nucleicos llegan a constituir más de un 10 por 100 del peso total del micoplasma. Por otra parte, nuestros sistemas de clasificación dividen a los procariotas en dos grandes grupos, arqueobacterias y eubacterias, que debieron separarse muy al principio de la historia de la vida.

* * *

Hace más de tres mil millones de años, la atmósfera de la Tierra estaba compuesta principalmente de nitrógeno molecular y de anhídrido carbónico. Los fósiles más antiguos que se conocen son también de esa época. Son estructuras petrificadas, visibles sólo al microscopio, que recuerdan el aspecto de ciertas bacterias. No hay seguridad de que se trate de restos de seres vivos, pero todo parece apuntar a que el origen de las primeras células debió de ocurrir hace al menos 3500 millones de años, si no más.

A lo largo de los primeros 2500 millones de años de la historia de los seres del segundo nivel se produjeron dos revoluciones muy importantes para el curso de la vida en la Tierra. En la primera apareció la fotosíntesis, la capacidad de producir materia orgánica a partir de sustancias inorgánicas, haciendo uso de la energía solar. Los primeros que consiguieron realizar estos procesos obtuvieron una ventaja clara sobre sus competidores, que se veían obligados a buscar el alimento prefabricado. Por consiguiente, los organismos autótrofos[19] se multiplicaron enormemente y se diversificaron en numerosas especies. Por otra parte, los organismos heterótrofos[20] se dividieron en dos grandes grupos: los predadores, que se alimentan de otros seres vivos, autótrofos o no, y los saprofitos[21], que aprovechan la materia orgánica libre, tanto la procedente de la acción de los rayos ultravioleta, como las cantidades cada vez mayores que provenían de los restos de organismos muertos y en descomposición.

Las primeras bacterias fotosintéticas no realizaban el proceso de la síntesis orgánica a través de las reacciones químicas que hoy vemos en las plantas verdes. Se parecían a dos grupos de bacterias actuales: las clorobiáceas o sulfobacterias verdes, y las cromatiáceas o sulfobacterias purpúreas, que son capaces de realizar una fotosíntesis especial, que utiliza sustancias como el ácido sulfhídrico (SH_2), el azufre o el hidrógeno molecular. Estas bacterias, que hoy viven en ambientes desprovistos de oxígeno, debieron de ser muy abundantes al principio de la historia de la vida, cuando en la atmósfera terrestre no existía este gas.

---

[19] Del griego *autos* (sí mismo), *trofos* (alimento); es decir, los que se alimentan por sí mismos.
[20] Del griego *heteros* (otro); que se alimentan a través de otros.
[21] Del griego *sapros* (podrido), *fiton* (planta).

En algún momento, hace más de 2000 millones de años, surgió un nuevo tipo de fotosíntesis, mucho más eficiente que los anteriores, que utilizaba el agua como fuente de hidrógeno y el anhídrido carbónico de la atmósfera como fuente de carbono. Con pocas diferencias, éste es el método utilizado en la actualidad por las plantas verdes. Estos procesos fueron inventados por organismos procariotas de un tipo nuevo, que hoy llamamos cianobacterias. Su fotosíntesis presentaba una importante novedad: como resultado del conjunto de reacciones químicas que utilizan, se desprende oxígeno. De hecho, el proceso entero puede reducirse a una ecuación muy sencilla:

Luz solar + Anhídrido carbónico + Agua → Oxígeno + Glucosa

Esta ecuación es sólo un resumen. Las cosas suceden, en realidad, de una forma mucho más complicada, en la que no vamos a entrar aquí.

Como consecuencia de estas reacciones, se produjo la segunda gran revolución en la historia de la vida. Al principio, la cantidad de oxígeno en la atmósfera creció lentamente. La mayor parte era absorbida, tan pronto como se producía, por los compuestos de hierro. Se han descubierto depósitos enormes de óxidos de hierro (formaciones de hierro bandeado) que parecen haberse originado en el fondo de los océanos hace unos dos mil millones de años. Pero las sales de hierro disueltas en el mar se agotaron, y a partir de entonces el oxígeno producido en la fotosíntesis se acumuló en la atmósfera. El equilibrio se alcanzó cuando el anhídrido carbónico se redujo casi a cero y el oxígeno alcanzó su proporción actual, de una quinta parte en volumen.

Se produjo entonces, en las capas altas de la atmósfera, la acumulación de una forma especial del oxígeno llamada ozono (O_3), que no deja pasar los rayos ultravioleta. Este hecho, junto con el agotamiento casi total del carbono atmosférico, tuvo como consecuencia que la generación espontánea de materia orgánica cesara por completo. A partir de ese momento, las condiciones que habían hecho posible la aparición de la vida desaparecieron para siempre, por la acción de la vida misma.

A medida que crecía la concentración de oxígeno, los organismos vivos se vieron sometidos a una nueva y tremenda presión evolutiva. Para la mayor parte de los que entonces existían, el oxígeno era un veneno, puesto que se trata de un gas muy activo, capaz de combinarse con facilidad con las sustancias orgánicas, destruyéndolas o alterando su composición. Las células procariotas que vivían en aquel tiempo tuvieron que escoger entre tres opciones posibles: extinguirse, retirarse a regiones exentas de oxígeno (como el fondo de los pantanos, donde existe mucha materia orgánica en fermentación), o adaptarse al nuevo ambiente y modificar su estructura para resistir la presencia del oxígeno o aprovecharla para sus propios fines. Como el aumento de la proporción de oxígeno debió de ser muy gradual, la evolución pudo llevarse a cabo a lo largo de muchísimas generaciones de microorganismos.

Es casi seguro que se dieron las tres respuestas: algunos grupos se extinguieron. Otros, como las sulfobacterias actuales, se retiraron a ambientes anaerobios[22]. Otros aplicaron el adagio: *si no puedes vencerle, únete a él*. El oxígeno fue domado y apareció un nuevo tipo de procariotas, capaces de respirar. Esta fue la segunda revolución.

En ausencia de oxígeno, las células vivas obtienen energía de las reacciones de fermentación de la glucosa, en las que se obtienen como productos finales anhídrido carbónico y alcohol etílico, o bien ácido láctico, de acuerdo con las ecuaciones resumidas siguientes:

---

[22] Vida en ausencia de aire (de oxígeno, en realidad).

Glucosa → Anhídrido carbónico + Alcohol etílico + Energía

Glucosa → Ácido láctico + Energía

La primera es la fermentación etílica, que hoy realizan ciertas levaduras durante la transformación del mosto en vino. La segunda es la fermentación láctica, que tiene lugar en la transformación de la leche en yogur, así como en los músculos de los mamíferos durante el ejercicio intenso, cuando las células musculares no reciben suficiente oxígeno.

La respiración, en cambio, es un proceso más complejo y eficiente, cuya ecuación resumida es:

Glucosa + Oxígeno → Anhídrido carbónico + Agua + Energía

A primera vista parece que esta ecuación es exactamente la inversa de la fotosíntesis, y así es, en parte. Debe recordarse, sin embargo, que en ambos casos se trata de reacciones condensadas, que se realizan mediante numerosos pasos intermedios, que no son los mismos en los dos procesos mencionados.

Un ser vivo extrae más de cuatro kilocalorías de la combustión total de un gramo de glucosa, de acuerdo con la ecuación anterior. Sin embargo, de una de las reacciones de fermentación sólo se pueden obtener unas 225 calorías por gramo. La respiración es dieciocho veces más eficiente que las fermentaciones. Esto explica que los seres vivos capaces de respirar tuvieran un éxito evolutivo muy superior al de los anaerobios. Tanto su número como su diversificación crecieron enormemente, ocuparon muchos nichos ecológicos donde sus antepasados no habían podido penetrar y se extendieron por toda la superficie de nuestro planeta. El oxígeno desprendido como subproducto de las reacciones vitales se convirtió así en la llave que abrió la entrada a un campo de evolución mucho más amplio, en el que las nuevas especies tenían acceso a mayores cantidades de energía. Sin esta revolución, es posible que la Tierra estuviera ahora poblada únicamente por bacterias.

El paso de la fermentación a la respiración tuvo lugar en casi todos los grupos de seres vivos que existían hace dos mil millones de años, tanto entre los autótrofos fotosintéticos, como entre los predadores y los fermentadores. También hubo algunos microorganismos que adquirieron la facultad de respirar sin perder la capacidad de sobrevivir en ausencia de oxígeno, obteniendo así lo mejor de ambos mundos y facilitando su supervivencia en condiciones muy variadas.

4. El tercer nivel

Hace unos mil quinientos millones de años se produjo la tercera revolución en la historia de la vida. Surgió entonces un tipo nuevo de células, más grandes y complejas que las procariotas, cuyas características les confirieron una gran ventaja evolutiva. Se trata de las células eucariotas, que evidentemente proceden de algún procariota aerobio, pues prácticamente todas respiran oxígeno. Sin embargo, para realizar esta función, disponen en su interior de unos orgánulos celulares muy especializados: las mitocondrias.

Se trata de unos corpúsculos alargados, de alrededor de un micrómetro de longitud, con estructura bastante compleja, que contienen en su interior moléculas circulares de ADN y que poseen su propio sistema enzimático y de síntesis de proteínas, independiente del que utiliza el resto de la célula. Hoy se cree que los antepasados de las mitocondrias eran células aisladas que entraron en simbiosis[23] con los eucariotas al principio de su historia y se convirtieron en parte integrante de éstos. Un descubrimiento sorprendente ha venido en apoyo de esta teoría. Se ha podido demostrar que el código genético de los procariotas (el de la tabla 3.1), que al principio se consideraba universal, no se aplica del todo a las mitocondrias, pues existen pequeñas discrepancias: en estos orgánulos, el codón UGA representa el aminoácido triptófano, en lugar de ser un indicador del final de la cadena, mientras que el codón

---

[23] Véase la nota 14.

AUA corresponde a la metionina, en lugar de a la isoleucina. Parece que las mitocondrias pertenecieron originalmente a la rama de las bacterias ordinarias, mientras el organismo hospedador era una arqueobacteria. De acuerdo con esta interpretación, las células eucariotas pueden considerarse como individuos pertenecientes a un nuevo nivel de la vida: el tercero.

La diferencia más importante entre los organismos procariotas y los eucariotas es, precisamente, la que indica su nombre. Los eucariotas tienen el material genético (el ADN) organizado en forma de cromosomas, contenidos en el interior de un orgánulo especial, el núcleo, que está provisto de una membrana que lo separa del resto del protoplasma (que se llama *citoplasma*).

Esta organización va emparejada con un sistema de reproducción celular muy complicado, la mitosis, que abre el camino hacia la reproducción sexual. Los organismos procariotas, por el contrario, se reproducen por bipartición o división en dos partes iguales de una sola célula madre, aunque también disponen de mecanismos que les permiten intercambiar información genética, consiguiendo así, hasta cierto punto, parte de las ventajas de la reproducción sexual. Éstas son muy importantes, pues si un ser vivo tiene un solo progenitor, podrá heredar los genes beneficiosos de éste, pero también se llevará los perjudiciales. En cambio, si tiene dos progenitores, en el barajamiento de la información genética que se produce durante la fecundación existe una cierta probabilidad de que combine los genes favorables de ambos y eluda los desfavorables, con lo que la selección natural actuará en su favor y la evolución se hace mucho más rápida. Pero de esto se hablará con más detalle en el capítulo siguiente.

Algunos eucariotas son capaces de realizar la fotosíntesis al estilo de las cianobacterias, aunque, igual que ocurre con la respiración, disponen para ello de orgánulos especiales, llamados *cloroplastos*, que parecen ser también antiguas células aisladas, que hoy viven en estado de simbiosis, como las mitocondrias. Otros eucariotas son heterótrofos y deben alimentarse a partir de sustancias orgánicas fabricadas por otros organismos. En nuestro sistema de clasificación, los eucariotas se dividen en varios grupos, que pueden agruparse bajo los nombres de algas unicelulares, hongos unicelulares y protozoos. Sólo las primeras hacen vida autótrofa y poseen cloroplastos. Los otros dos grupos viven una existencia saprofita, predadora sobre organismos del segundo y tercer nivel, o parásita de los organismos del cuarto nivel.

5. El cuarto nivel

La existencia de los seres vivos del primer nivel se ha descubierto a lo largo de los últimos cien años. Las células del segundo y del tercer nivel, capaces de subsistir independientemente, eran desconocidas hasta hace unos trescientos años. Sin embargo, las plantas y los animales eran conocidos por el hombre desde su origen como ser inteligente, hace unos dos millones de años.

La razón de esto es evidente: nosotros somos, como las plantas y los animales, seres vivos del cuarto nivel, nos sentimos individuos y nos resulta fácil atribuir propiedades equivalentes a otros entes semejantes. La dificultad crece a medida que nos alejamos de nuestro grado de evolución en cualquier dirección: no es difícil aceptar que una célula está viva, pero la aplicación de la misma cualidad a una molécula de ADN encuentra resistencias. Algo parecido sucede al mirar en la dirección opuesta, como veremos en capítulos sucesivos al tratar del quinto nivel. Todo ocurre como si los seres humanos nos encontráramos situados sobre el cuarto peldaño de una escalera ascendente pero, afectados por un curioso efecto óptico, creyéramos estar en la cima y nos pareciera que la escalera desciende en todas direcciones por igual.

¿Qué es un ser vivo del cuarto nivel? Es un individuo compuesto por la unión de numerosos individuos vivos del nivel inferior, que abandonan su independencia en bien del conjunto que entre todos componen. Se produce aquí una serie de fenómenos semejantes a los que ya hemos mencionado al tratar de los pasos entre los tres niveles anteriores. El más significativo es la gran diversificación a la que se ven sometidos los miembros del nivel inferior al unirse para constituir un individuo más complejo: del mismo modo que existen muchos tipos diferentes de ácidos nucleicos en el interior de una célula procariota (ADN cromosómico, ARN mensajero, ARNs de transferencia, ARN ribosómico, etc.), y que existen varios tipos diferentes de células procariotas dentro de una célula eucariota, existen también células de muchas clases en el cuerpo de una misma planta o animal: células que difieren más entre sí por su forma o sus propiedades que cualquier par de procariotas o eucariotas que hagan vida independiente, cualesquiera que sean sus especies respectivas.

Aunque las células que forman parte de un individuo del cuarto nivel pueden ser muy diferentes entre sí, la diversidad no es caótica. En primer lugar, los distintos tipos de células se complementan para formar un todo coordinado y armónico, igual que sucedía con las diversas especies de ácidos nucleicos del interior de la célula viva. En segundo lugar, las células del cuerpo de una planta o de un animal se agrupan en un número no excesivo de tipos diferentes. Es decir, forman familias de células que muchas veces viven juntas y constituyen tejidos organizados, cuya misión en el individuo del cuarto nivel puede ser muy varia: proteger el cuerpo y las superficies de órganos importantes (células del tejido epitelial); dotarle de movimiento (células del tejido muscular); unir internamente diversos órganos y tejidos entre sí (células del tejido conjuntivo); defender al organismo contra el ataque de sustancias y seres vivos extraños al mismo (células del sistema inmune); proporcionar sostén al cuerpo para que mantenga una forma o composición constantes (células de los tejidos cartilaginoso, óseo y leñoso); dotar al organismo de un sistema de control que asegure el ensamblaje de sus partes y que le permita obtener información respecto al medio ambiente que le rodea (células del tejido nervioso).

Del mismo modo que las proteínas y los ácidos nucleicos se ensamblan en la célula para formar orgánulos con misiones específicas (mitocondrias, ribosomas, núcleo, etc.), así también las células y los tejidos se unen entre sí para constituir órganos que permitan al ser del cuarto nivel mantener la vida, reaccionar a los estímulos del entorno y propagar su especie: las funciones de nutrición, relación y reproducción, respectivamente.

El número total de individuos vivientes del cuarto nivel es enorme: se calcula que, sólo entre los insectos, existe alrededor de un trillón de individuos (10^{18}). Afortunadamente, desde la más remota antigüedad, el hombre se ha dado cuenta de que muchos de estos seres tienen propiedades comunes, que se parecen entre sí. Estas propiedades, llamadas *universales*, permiten establecer clasificaciones y distribuirlos en un número mucho más reducido de grupos, haciendo posible el lenguaje y la comunicación entre los seres humanos. Si tuviéramos que dar un nombre diferente a cada una de las cosas que vemos, no podríamos aprenderlos todos ni ponernos de acuerdo sobre qué nombre asignar a cada una. Gracias a los universales, la palabra *gato*, por ejemplo, no se refiere a un ente único, sino a toda una clase de seres. De esta forma, un solo nombre puede servir para designar a millones de objetos.

La categoría básica utilizada para clasificar los seres vivos del cuarto nivel es la especie, que se define como un grupo de individuos estrechamente ligados por relaciones de parentesco y capaces de reproducirse entre sí. Dos individuos de una especie dada tienen siempre antepasados comunes cuyo aspecto no era muy diferente del suyo. Lo malo es que el número total de especies conocidas es enorme. En el caso de los animales, sobrepasa el millón, y se estima que, en conjunto, existen unas 400.000 especies de hongos y de vegetales. Si sumamos las todavía desconocidas, se habla de cifras de 30 millones de especies en nuestro planeta.

El primero que intentó clasificar los seres vivos fue el filósofo griego Aristóteles (384-322 a.C.), quien ideó la famosa división de los animales en *vertebrados* e *invertebrados*, hoy abandonada en las clasificaciones científicas. Sin embargo, el sistema zoológico de Aristóteles reconocía tan sólo unas cincuenta especies. Su discípulo y sucesor en la dirección del Liceo, Teofrasto de Ereso (372-287 a.C.), continuó en la misma línea que su maestro y emprendió la sistematización del reino vegetal. Como resultado de sus esfuerzos escribió dos obras: *Historia de las plantas* y *Crecimiento de las plantas*, en las que enumera unos quinientos vegetales diferentes.

La biología sistemática moderna, que se ocupa de la clasificación de los seres vivos, divide a los del cuarto nivel (también llamados *pluricelulares*[24]) en tres grandes reinos: hongos; metafitos[25] o vegetales; y metazoos o animales. Cada uno de ellos se subdivide, a su vez, en categorías taxonómicas inferiores. Las principales se denominan *phylum*[26], clase, orden, familia, género y especie. La existencia de estas categorías permite expresar sucintamente y con gran sencillez el grado de parentesco entre dos individuos vivos del cuarto nivel.

La clasificación de los seres pluricelulares, de acuerdo con este sistema de categorías, puede representarse como un árbol invertido: el

---

[24] Del latín *plures*, varios, es decir, compuesto de varias células.
[25] Del griego *meta*, con, en unión de, *fyton*, planta.
[26] Palabra griega que significa rama.

árbol taxonómico. Los niveles sucesivos del árbol corresponden a las categorías taxonómicas. Todos los individuos que viven en la actualidad o existieron en el pasado se encuentran en el nivel inferior. Una ventaja importante de este árbol es que permite la segmentación de la biología sistemática en ramas más sencillas (zoología, botánica, entomología, ornitología, etc.), cada una de las cuales puede estudiarse como un campo independiente, manteniendo al mismo tiempo uniformidad de estructura.

El grado de parentesco entre dos individuos dados puede medirse por el nivel de la categoría taxonómica más baja que incluye a ambos. El parentesco será máximo si los dos pertenecen a la misma especie, la categoría taxonómica de nivel mínimo. Por otra parte, una planta y un animal, que pertenecen a reinos diferentes y, por lo tanto, tienen como única categoría común la raíz del árbol (el hecho de ser pluricelulares) tienen entre sí el parentesco más lejano posible.

* * *

El concepto moderno de especie biológica fue introducido por primera vez en el siglo XVII por el naturalista inglés John Ray (o Wray, 1627-1705), a quien se considera el padre de la historia natural del Reino Unido. Menos de un siglo más tarde, el sueco Karl von Linné (Carolus Linnaeus, 1707-1778), conocido en español como Linneo, fijó las bases de la taxonomía moderna en su libro *Sistema de la Naturaleza*[27] y otras obras, en las que introdujo la nomenclatura binominal, que asigna a cada especie biológica un nombre doble, como se hace con los seres humanos. La primera parte del nombre, llamada género, corresponde al apellido y se escribe con mayúscula. La segunda, el nombre específico (de la

---

[27] *Systema Naturae*, 1735.

especie), se escribe con minúscula y corresponde al nombre de pila. De este modo, el parentesco de las especies pertenecientes al mismo género se reconoce inmediatamente, pues todas tienen el mismo *apellido*, el mismo nombre genérico.

Al principio se creyó que las especies biológicas eran entidades fijas e inmutables. En palabras del propio Linneo: *Hay tantas especies como formas diversas produjo en el principio el Ser Infinito; cuyas formas han producido otras, semejantes siempre a sí mismas, según leyes establecidas para la generación*[28]. Este punto de vista se llama fijismo.

El fijismo recibió el primer golpe cuando se reconoció que los fósiles[29] eran restos de animales o plantas muertos mucho tiempo atrás, cuyas partes duras se han visto sometidos a procesos químicos y geológicos que han provocado su petrificación. Los fósiles se conocían ya en la antigüedad: el descubrimiento de conchas marinas petrificadas en las montañas movió a Jenófanes de Colofón (siglo VI a.C.) a suponer que esas regiones pudieron haber estado bajo el mar en épocas remotas.

Durante la Edad Media se pensaba que los fósiles eran *caprichos de la Naturaleza*, es decir, piedras que casualmente tomaban formas que recordaban las de animales y vegetales, pero que no habían tenido origen orgánico. Fue Leonardo da Vinci (1452-1519) el primero que sugirió que podían ser restos petrificados de animales y plantas. La idea se aceptó, pero durante mucho tiempo se siguió suponiendo que se trataba de las mismas especies que hoy vemos a nuestro alrededor.

Finalizaba el siglo XVIII, cuando el francés Georges Cuvier (1769-1832) demostró, mediante técnicas de anatomía comparada, que algunos

---

[28] *Philosophiae Botanica*, 1751.
[29] Del latín *fossio*, acción de cavar. Un fósil es, pues, lo que se extrae cavando.

elefantes fósiles no eran idénticos a los que existen en la actualidad, y debían considerarse extinguidos. Una vez dado este paso no les costó mucho trabajo a los primeros paleontólogos[30] reconocer que la mayor parte de los fósiles corresponden a seres que actualmente han desaparecido de la superficie de la Tierra. Pudo así comprobarse que las faunas y floras de épocas pasadas diferían bastante de las actuales y, aunque se dan formas comunes, éstas son relativamente raras.

La idea de que las especies evolucionan, se transforman y descienden unas de otras, estaba latente, más pronto o más tarde tenía que ocurrírsele a alguien. El primero en formular una teoría de la evolución para explicar el origen de las especies fue el francés Jean Baptiste Pierre Antoine de Monet, caballero de Lamarck (1744-1829). En su libro *Filosofía Zoológica*[31], sostuvo que los caracteres adquiridos por un individuo en respuesta a la presión del medio ambiente pueden transmitirse a sus descendientes. La acumulación progresiva de estos caracteres daría lugar a la deriva de las especies y provocaría su evolución gradual.

Fue Charles Robert Darwin (1809-1882) quien dio el paso decisivo. En un viaje alrededor del mundo realizado de 1831 a 1836, tuvo la oportunidad de estudiar las formas de vida y los fósiles de varios continentes. En particular, le llamó poderosamente la atención un conjunto de especies de pinzones que encontró en las islas Galápagos, donde cada isla tiene sus especies características, que han ocupado nichos ecológicos muy diversos que, en otras regiones, corresponden a pájaros de familias distintas. Estos hechos fueron la semilla que se

---

[30] Del griego *palaios*, antiguo, *ontos*, ser, *logos*, tratado. Paleontología es, por tanto, la ciencia que trata de los seres antiguos.
[31] *Philosophie Zoologique*, 1809.

desarrolló en la mente de Darwin hasta convertirse en la teoría de la evolución.

Otra de las fuentes fundamentales de sus ideas fue el ensayo del economista inglés Thomas Robert Malthus (1766-1834), *Ensayo sobre la población*[32], del que Darwin extrajo el principio de la selección natural, que luego aplicó a las especies vivas. Pero aún tardó más de veinte años en decidirse a publicar su trabajo, y al fin se vio empujado a ello porque otro hombre había llegado independientemente a las mismas conclusiones que él, partiendo casi de las mismas fuentes.

El británico Alfred Russell Wallace (1823-1913) también había leído el ensayo de Malthus. Como Darwin, viajó por todo el mundo en expediciones científicas, botánicas y zoológicas, cuyos resultados alcanzaron fama duradera. En 1858 escribió un trabajo titulado *Sobre la tendencia de las variedades a apartarse indefinidamente del tipo original*[33], y envió una copia a Darwin para solicitar su opinión.

Darwin se decidió entonces a publicar, al mismo tiempo que Wallace, una comunicación resumiendo sus conclusiones. Un año después salía a la luz pública su gran obra, el libro en el que había estado trabajando casi veinte años: *Sobre el origen de las especies por medio de la selección natural*[34], conocido universalmente como *El origen de las especies*.

*   *   *

¿Qué es esa selección natural, en la que Darwin basó su revolucionaria teoría de la evolución? Los individuos de una población

---

[32] *Essay on population*, 1798.
[33] *On the tendency of varieties to depart indefinitely from the original type*.
[34] *On the origin of species by means of natural selection*, 1859.

no son nunca idénticos unos a otros. Algunas de sus diferencias pueden proporcionar más fuerza física, protección contra los enemigos, mayor velocidad en la carrera, resistencia a ciertas enfermedades. Estadísticamente, los individuos que disfrutan de algún rasgo ventajoso tienen probabilidades de sobrevivir más tiempo, y por ende tener más descendencia, que los que carecen de ellos o poseen rasgos perjudiciales. A lo largo de varias generaciones, los descendientes de los favorecidos por la selección natural serán más numerosos que los de sus competidores.

Pero si cambian las condiciones ambientales (un enfriamiento del clima, una desertización progresiva, la invasión del territorio por un nuevo predador o una especie competidora), puede ser que los rasgos que antes eran favorables pasen a ser perjudiciales. Si eso ocurre, la selección natural actuará en favor de los que antes quedaban eliminados y la proporción de los caracteres se invertirá. En casos extremos, los individuos que poseen rasgos seleccionados negativamente pueden extinguirse por completo.

* * *

A finales del siglo XIX, el evolucionismo había sido casi universalmente aceptado por la ciencia moderna. Sin embargo, quedaban dos dudas importantes respecto a los mecanismos del proceso evolutivo. ¿Cómo surgen las diferencias entre los individuos? ¿Cómo se transmiten de padres a hijos? En el tiempo de Darwin se creía que los hijos heredaban siempre rasgos intermedios entre los de sus padres. Si así fuera, cualquier característica nueva, por muy beneficiosa que resultara, quedaría ahogada por hibridación y mezcla en pocas generaciones, ya que, al ser nueva, sería forzosamente escasa.

El descubridor de las leyes de la herencia fue el fraile agustino austriaco Gregor Mendel (1822-1884). En el jardín del monasterio de Königskloster, cerca de Brno (Moravia), realizó durante varios años experimentos de cruce de diversas variedades de guisantes, que le dieron resultados sorprendentemente regulares y matemáticamente sencillos.

Mendel, que era desconocido para el mundo científico, envió un resumen de sus trabajos al entonces famoso botánico suizo Karl Wilhelm von Nägeli (1817-1891), quien se lo devolvió acompañado de un juicio negativo. A pesar de todo, Mendel publicó en 1865 un trabajo titulado *Investigación sobre los híbridos de las plantas*[35] en las actas de la Sociedad de Historia Natural de Brünn (Brno). El artículo pasó desapercibido y Mendel, que entretanto había sido nombrado abad del monasterio, se dedicó a otras actividades.

En 1900, dieciséis años después de su muerte, tres botánicos de diversos países[36], en el curso de sus trabajos, descubrieron independientemente las leyes de Mendel. Los tres investigaron la literatura científica, encontraron el artículo del fraile agustino y reconocieron públicamente su prioridad. Con treinta y cinco años de retraso, el mundo científico apreció la importancia de los descubrimientos de Gregor Mendel.

* * *

Las leyes de Mendel daban respuesta a una de las dos cuestiones pendientes en la teoría de la evolución: la transmisión hereditaria de las diferencias. Quedaba por contestar la primera: ¿cómo surgen características nuevas que antes no existían, para que puedan hacer la

---

[35] *Versuche über Pflanzenhybriden.*
[36] Hugo de Vries, holandés; Karl Correns, alemán; Erich Tschermak, austriaco.

competencia a las anteriores y, quizá, sustituirlas? La respuesta la obtuvo el holandés Hugo de Vries (1848-1935), uno de los que descubrieron por segunda vez las leyes de Mendel.

Desde mucho tiempo atrás se conocían ciertos cambios bruscos que a veces ocurren en las características de algunos individuos de una especie, y que los diferencian de los de la generación anterior. Los ganaderos están acostumbrados a estas *novedades*. Se conocen algunos casos famosos, como la aparición repentina de los canarios amarillos en el siglo XVIII. En 1886, de Vries observó uno de estos cambios bruscos en la planta *Oenothera lamarckiana* y, tras largos años de trabajo, consiguió explicarlo. En la obra que resumía sus investigaciones[37], los llamó *mutaciones*. Es una de las ironías de la ciencia que la planta que afianzó definitivamente el evolucionismo de Darwin frente al de Lamarck llevara precisamente el nombre de este último.

Los experimentos del biólogo norteamericano Thomas Hunt Morgan (1866-1945, premio Nobel de Fisiología y Medicina en 1933) y su grupo, realizados principalmente sobre la mosca de las frutas *Drosophila melanogaster*, desarrollaron la naciente ciencia de la genética y a la larga llevaron a la demostración de que las mutaciones no son otra cosa que modificaciones en la estructura de los genes (los segmentos de ADN que codifican las proteínas en las células vivas). La causa de una mutación puede ser el cambio de una base por otra en el interior de un gen (con lo que el codón al que pertenece podría pasar a codificar un aminoácido distinto); la pérdida de un segmento del gen; la inserción de un tramo nuevo; o la inversión del orden de una secuencia de bases.

---

[37] *Die Mutationstheorie*, 1901-1903.

Las mutaciones pueden ocurrir en cualquier célula del cuerpo de una planta o de un animal, pero sólo tienen posibilidades de transmitirse a la descendencia las que tengan lugar en las células reproductoras (los gametos). Sus causas pueden ser muy diversas: la radioactividad (incluida la que llega hasta nosotros a través de la atmósfera en forma de rayos cósmicos), las radiaciones electromagnéticas de alta frecuencia (rayos ultravioleta, rayos X y rayos gamma), algunas sustancias químicas, las temperaturas extremas, y otras muchas.

* * *

Entre 1920 y 1940 se produjo la integración de todos estos hechos y teorías científicas en un nuevo cuerpo de doctrina que ha recibido el nombre de *neodarwinismo* o *teoría sintética de la evolución*. La evolución, de acuerdo con esta teoría, no actúa sobre individuos aislados, sino sobre poblaciones completas. Los mecanismos que la provocan son la variabilidad genética y la selección natural. Una población consta de un conjunto de individuos, cada uno de los cuales tiene una dotación genética concreta, resultado de la acumulación de las mutaciones y de su transmisión de acuerdo con las leyes de Mendel. En la población total, muchos genes se encuentran representados por dos o más variedades diferentes, que se llaman alelos. No existe, por tanto, una composición genética única, sino una mezcla de alternativas que, gracias a la reproducción sexual, se barajan de generación en generación. Cada alternativa puede aparecer en la población con una frecuencia diferente. Habrá alelos abundantes, poseídos por la mayor parte de los individuos, y otros residuales, que se transmiten únicamente a unos pocos. Otras veces, dos o tres alelos se reparten casi por igual entre los miembros de la población.

Sobre estas alternativas actúa la selección natural, que es una acción de carácter puramente estadístico. Nada impide, en efecto, que individuos concretos, por muy bien dotados que estén, caigan presa de algún predador como consecuencia de una causa fortuita, mientras que otro pésimamente dotado puede escapar y reproducirse, como resultado de una combinación favorable de circunstancias. Pero a la larga, en una población que contenga miles de individuos, los mejor adaptados al ambiente conseguirán reproducirse con mayor frecuencia que los menos aptos.

La variabilidad genética hace posible que muchas especies de seres vivos no se extingan ante el más pequeño cambio en las condiciones ambientales que les rodean. Un gen, que hasta entonces era beneficioso, puede transformarse bruscamente en desfavorable porque las circunstancias exteriores han cambiado. Lo contrario también puede suceder: un alelo, que hasta entonces había sido seleccionado negativamente, puede pasar de pronto a ser favorecido. Si esto ocurre, la selección natural dispone de material sobre el que actuar, en la variabilidad genética de la población. El gen que debe ser favorecido se encuentra ya presente en dicha población, aunque sólo sea en proporciones mínimas. No es preciso depender de que una mutación feliz produzca su aparición brusca en el momento oportuno.

Con la teoría sintética de la evolución, el neodarwinismo ha sido universalmente aceptado por los biólogos y ha alcanzado carta de naturaleza como una de las bases del pensamiento científico actual, casi al mismo nivel que la mecánica de Newton o la relativista, y la teoría atómica. Esto no significa que no haya problemas que resolver o que hayamos llegado al límite de nuestras posibilidades de investigación. Existen cuestiones que aún no tienen respuesta. Por ejemplo: ¿es la evolución consecuencia, exclusivamente, de la selección natural o existen rasgos indiferentes? (*teoría neutralista de la evolución*, de Motoo Kimura). ¿La evolución actúa siempre de forma gradual o se acelera a veces, permaneciendo las especies estables durante largos períodos de tiempo? (*evolución puntuada*, de Stephen Jay Gould).

* * *

El resto de este capítulo esboza brevemente los procesos que condujeron a los seres vivos del cuarto nivel y su evolución progresiva a lo largo de unos mil millones de años.

Existen actualmente unos animales llamados mesozoos[38], que parecen intermedios entre los seres eucariotas (del tercer nivel) y los pluricelulares (del cuarto nivel). Los mesozoos, que viven como parásitos en los riñones de los cefalópodos (pulpos, calamares, etc.), son alargados, de unos pocos milímetros de longitud, y están constituidos por una sola célula axial, alrededor de la cual se apelotonan unas veinte células más. Sin embargo, a pesar de esta estructura tan sencilla, son capaces de recurrir a la reproducción sexual, aunque sólo la emplean cuando su población rebasa una cierta densidad.

Puede que los mesozoos sean metazoos degenerados por la vida parásita, o tal vez representan verdaderamente una etapa intermedia entre el tercero y el cuarto nivel de la vida. Sea como sea, el proceso de la unión de células independientes para formar individuos únicos ocurrió varias veces hace unos mil millones de años, durante una era geológica que los paleontólogos llaman proterozoica[39]. Cada uno de los tres reinos de los seres pluricelulares llegó independientemente más de una vez al

---

[38] Del griego *mesos*, intermedio, *zoon*, animal.
[39] Del griego *proteros*, el primero. Es la era de los primeros animales.

cuarto nivel de la vida. Se cree que los metafitos o vegetales cruzaron el umbral por seis caminos distintos por lo menos; los hongos, por cuatro o cinco; los metazoos o animales, dos veces: las esponjas por un lado, el resto de los grupos por otro.

Los fósiles comienzan a ser abundantes hace unos seiscientos millones de años, cuando proliferan los seres vivos provistos de partes duras, capaces de conservarse y petrificarse. Por esta razón, la nomenclatura paleontológica moderna da a los últimos seiscientos millones de años el nombre de eón fanerozoico[40].

El fanerozoico se divide en tres eras geológicas y éstas en dos o más períodos, de acuerdo con la tabla 5.1, donde también se indica el tiempo, en millones de años, transcurrido desde el comienzo de cada uno de los períodos hasta nuestros días.

Los animales y plantas del período cámbrico[41] eran exclusivamente acuáticos, por lo que los continentes estaban desiertos y desprovistos de vida pluricelular. Sin embargo, los principales tipos de organización de los metazoos se habían diversificado ya, aun cuando muchos de los fósiles de aquella época corresponden a seres francamente primitivos. Se han encontrado también restos de animales pertenecientes a tipos que hoy no existen, pues más tarde se extinguieron.

---

[40] Palabra que proviene del griego *faneros*, visible: es el tiempo de los animales visibles a través de sus fósiles.
[41] El nombre procede de *Cambria*, nombre romano del país de Gales.

Eón	Era	Periodo	Comienzo (millones años)
Criptozoico	Arcaica		4600
	Proterozoica		2500
		Ediacariense	1100
Fanerozoico	Paleozoica	Cámbrico	565
		Ordoviciense	510
		Silúrico	440
		Devónico	410
		Carbonífero Inferior	365
		Carbonífero Superior	325
		Pérmico	290
	Mesozoica	Triásico	251
		Jurásico	205
		Cretácico	135
	Cenozoica	Terciario	65
		Cuaternario	1

Tabla 5.1. Eones y eras geológicas

La tabla 5.2 presenta los nombres de los principales *phyla* de los metazoos, junto con algunos de los animales actuales pertenecientes a cada uno. Existen en la actualidad más de veinte *phyla*, además de otros ocho o diez que sólo conocemos por algunos restos fósiles procedentes del período cámbrico.

Phyllum	Animales actuales pertenecientes al phyllum
Porifera	Esponjas
Coelenterata	Medusas, corales
Platyhelminthes	Tenias y otros parásitos
Aschelminthes	Rotíferos, nemátodos, etc.
Mollusca	Caracoles, almejas, cefalópodos
Annelida	Sanguijuelas, lombrices de tierra
Arthropoda	Crustáceos, arácnidos, insectos
Echinodermata	Estrellas y erizos de mar, holoturias
Chordata	Peces, anfibios, reptiles, aves, mamíferos

Tabla 5.2. Tipos de organización de los metazoos

A lo largo de la era paleozoica[42] tuvo lugar la invasión de la tierra firme, primero por los vegetales, luego por los artrópodos, finalmente por los vertebrados (anfibios y reptiles). Para la conquista definitiva de la tierra firme, los reptiles se apoyaron en una innovación importantísima: el huevo reptiliano, una estructura compleja con cáscara aislante, alimento (el saco vitelino) y una membrana llena de líquido (el amnios) en el que flota el embrión. El huevo reproduce así el ambiente donde se desarrollaban las larvas de los anfibios, pero al estar aislado puede depositarse en cualquier sitio.

El final de la era paleozoica viene marcado por la que pudo ser la mayor catástrofe de la historia del cuarto nivel de la vida: desapareció el 90 por ciento de las especies de la plataforma continental, las tres cuartas partes de las familias de anfibios y las cuatro quintas partes de los

---

[42] Del griego *palaios*, antiguo. Es la era de los animales antiguos.

reptiles. Por aquel tiempo, todas las masas continentales estaban unidas en un solo supercontinente (Pangea[43]), pero la causa de la extinción masiva fue probablemente el impacto de un cuerpo extraterrestre (un asteroide o un cometa).

Sea como sea, la diversidad de los seres vivos del cuarto nivel entró muy mermada en la era mesozoica[44]. En este tiempo tuvo lugar la aparición de las aves y de los mamíferos, aunque la era se conoce usualmente como *el imperio de los dinosaurios*[45]. Es curioso que este nombre científico, que ha sido adoptado por las lenguas vulgares de todos los países, haya desaparecido actualmente de las clasificaciones zoológicas. La diversidad del grupo era excesiva, por lo que se ha ido disgregando en otros más pequeños, ninguno de los cuales ha conservado el nombre original. Supongo que el lector estará de acuerdo en que, de todos los animales extinguidos, los dinosaurios son los más conocidos y los que más impresión causan en la mentalidad de niños y adultos de todas las edades.

Al final de la era mesozoica, hace unos sesenta y cinco millones de años, se produjo una nueva catástrofe. La fauna de océanos y continentes quedó diezmada. La flora, por el contrario, no sufrió muchos daños. Los grandes reptiles quedaron borrados de la superficie de la Tierra, así como los cefalópodos ammonites y los protozoos foraminíferos. La extinción se debió, probablemente, al impacto de un asteroide, que provocó el cráter de Chicxulub, en el Yucatán. Esta teoría fue propuesta por Luis

---

[43] Del griego *pan*, todo, *Ge*, la Tierra. Pangea significa, literalmente, *todas las tierras*.
[44] Del griego *mesos*, intermedio. Es la era de los animales intermedios.
[45] Del griego *deinos*, terrible. Los dinosaurios eran, por tanto, los *lagartos terribles*.

Walter Alvarez (premio Nobel de Física en 1968, por sus trabajos sobre partículas elementales).

En cualquier caso, entramos en la era cenozoica[46] con una Tierra relativamente despoblada de animales grandes. Era la ocasión de los mamíferos, que hasta entonces no habían podido rebasar el tamaño de un conejo, pues todos los nichos ecológicos para animales de mayor tamaño estaban ya ocupados por los reptiles. Entre los mamíferos, los euterios o placentarios habían inventado un método aun mejor que el huevo reptiliano para proteger al embrión durante las primeras etapas de su desarrollo: el feto permanece en el interior del cuerpo de la madre, relacionándose con ésta a través de una membrana (la placenta) que le proporciona alimentos y elimina las sustancias de desecho. A principios del período terciario, los placentarios suplantaron a los restantes grupos de mamíferos primitivos, que quedaron reducidos a áreas continentales aisladas, como el continente australiano, o a unas pocas especies muy resistentes, como las zarigüeyas. Los placentarios ocuparon la tierra firme, emprendieron el vuelo (los murciélagos) y regresaron al mar (pinnípedos, cetáceos y sirenios).

---

[46] Del griego *kainos*, nuevo. Es la era de los animales nuevos.

6. ¿Qué es el hombre?

Fijemos ahora nuestra atención en uno de los órdenes de mamíferos placentarios, que lleva el nombre honorífico de *primates*, del latín *primus*, 'el primero'. ¿Por qué *el primero*? No, ciertamente, por ser el más antiguo, sino porque de él surgió y en él se clasifica *el hombre, cima presente de la evolución*.

Los primates del principio del terciario eran animales pequeños, parecidos a los insectívoros. Los *Tupaiidae*, animales arborícolas que viven en las selvas del sudeste asiático, son los seres vivos actuales que más se les aproximan. Más tarde aparecieron los prosimios o lémures, hoy reducidos a poblaciones aisladas en África central, la India, el Sudeste asiático y, sobre todo, la isla de Madagascar. Parece ser que el papel de eslabones en la cadena que condujo hasta los primates superiores (simios americanos, simios del Viejo Mundo y hominoides) corresponde a una familia extinta de prosimios, los *Adapidae*, que vivió hace unos cincuenta millones de años. La tabla 6.1 resume la clasificación de la superfamilia *Hominoidea*, que incluye al hombre y a los antropoides.

Familia	Género	Vivió hace (millones años)
Pongidae	Proconsul	22-14
	Sivapithecus	15-8
	Dryopithecus	10-9
	Oreopithecus	7
	Gigantopithecus	6-0,3
	Pongo (orangután)	Actual
	Pan (chimpancé)	Actual
	Gorilla (gorila)	Actual
Hominidae	Ardipithecus	7-4,4
	Australopithecus	4-1
	Homo (hombre)	2,6-Actual

Tabla 6.1. Clasificación de la superfamilia Hominoidea

Parece que los hominoides se separaron de los simios del Viejo Mundo hace veinticinco o treinta millones de años. Más tarde, el tipo ancestral de hominoide, que quizá se pareciera al *Proconsul*, dio lugar a varias líneas de evolución diferentes, que se clasifican en las dos familias de los póngidos (monos antropoides) y los homínidos (el hombre y sus antecesores directos).

La clasificación de los homínidos ha estado sujeta a oscilaciones curiosas. Al principio, cada esqueleto que se encontraba se atribuía a una especie, o incluso a un género diferente: *Pithecanthropus, Sinanthropus, Australopithecus, Paranthropus, Meganthropus, Zinjanthropus, Homo heidelbergensis, Homo neanderthalensis*, etc. Esto se debió al deseo humanamente comprensible de los investigadores de legar su nombre a la ciencia con descubrimientos importantes. Es fácil ver que el hallazgo de un nuevo hueso de *Homo erectus*, de los que ya se poseen veinte, es menos espectacular que si resulta pertenecer a una nueva especie o un nuevo género.

A mediados del siglo XX, ante la tremenda proliferación de nombres científicos de los antepasados del hombre, los paleontólogos decidieron poner un poco de orden y redujeron todos los ejemplares existentes a dos géneros (*Australopithecus* y *Homo*) y siete especies (cuatro del primero, tres del segundo).

Pero, desde los años setenta a la actualidad, se han hecho nuevos descubrimientos, y la tendencia primitiva ha vuelto a imponerse. Cuando aparecieron los primeros restos de homínidos más antiguos que *Australopithecus*, otra vez comenzaron a proliferar los géneros nuevos, como *Ardipithecus*, *Sahelanthropus*, *Orrorin*, *Keniapithecus*, así como especies nuevas del género *Homo*, como *Homo rudolfensis*, *Homo ergaster* u *Homo antecessor*, esta última propuesta por paleontólogos españoles. Sin embargo, a principios del siglo XXI se comienzan a ver los primeros indicios de una nueva simplificación de las clasificaciones, y ya surgen propuestas de volver a las tres especies clásicas del género *Homo*, o de agrupar todos los géneros de homínidos que vivieron hace 7 a 4 millones de años en un solo género: *Ardipithecus*. Esta es la versión que vamos a adoptar aquí.

Los primeros homínidos parecen haberse separado de la línea que llevó al chimpancé hace 5 a 7 millones de años. Los clasificaremos en el género *Ardipithecus*, que puede haberse dividido en tres o cuatro especies. Hace 4 millones de años surgió el segundo género de homínidos, *Australopithecus*, del que se conocen cuatro especies (*A. afarensis*, *A. africanus*, *A. robustus* y *A. boisei*, las dos últimas llamadas a veces *Paranthropus*), que vivieron desde hace 4 millones de años hasta hace algo menos de un millón. Estos seres caminaban erguidos y tenían una capacidad cerebral inferior a medio litro. Finalmente, de alguna de sus formas debió surgir el tercer género, en el que se clasifica el hombre propiamente dicho.

Se conocen tres etapas sucesivas del género *Homo*, que se diferencian tanto en sus características anatómicas como en su cultura (los instrumentos de piedra que fabricaban), y que normalmente reciben el rango de especies biológicas, aunque existe una gran controversia al respecto. La primera, *Homo habilis*, vivió en África hace 2,6 a 1,5 millones de años. Tenía un cerebro de unos ochocientos centímetros cúbicos y era capaz de utilizar herramientas muy sencillas: se le adjudica la *cultura de las piedrecitas*[47], guijarros aguzados a golpes que se encuentran en algunos yacimientos africanos.

Los restos más antiguos de *Homo erectus*, la segunda etapa del género *Homo*, proceden de África y datan de hace 1,9 millones de años. Los más modernos se remontan tan sólo a hace doscientos mil años. Se trata de un tipo de hombre más avanzado, que conocía el fuego, tallaba piedras para hacer instrumentos cortantes (es el autor de la cultura acheulense) y poseía una capacidad cerebral de novecientos a mil doscientos centímetros cúbicos (alrededor de un litro). Se han encontrado fósiles de esta especie en África, Asia y Europa: la expansión de *Homo erectus* consiguió cubrir todo el Viejo Mundo.

Con *Homo erectus* hemos cruzado la frontera que separa a los dos períodos en que se divide la era cenozoica: estamos ya en el cuaternario. El clima sufrió importantes modificaciones en esta época: se sucedieron

---

[47] *Pebble culture,* en inglés.

varios avances glaciares, separados por retrocesos intermedios, cuando las condiciones ambientales se hacían más suaves. Hace doscientos mil o trescientos mil años, apareció la tercera etapa del género *Homo*: el hombre moderno, que tiene una capacidad cerebral de mil doscientos a mil ochocientos centímetros cúbicos, al que Linneo aplicó la denominación de *Homo sapiens* (hombre sabio). Hoy se clasifica bajo este nombre, tanto a las formas neandertales como a las más semejantes al hombre actual.

* * *

Vuelva el lector ahora por un momento al primer párrafo de este capítulo. Piense si la primera vez que lo leyó le sorprendió la última frase, la que está escrita en cursiva: *el hombre, cima presente de la evolución*. Esta frase no habría causado sorpresa a nadie en el primer siglo después de Darwin: todo el mundo la daba por supuesta, la consideraba evidente. ¿Qué ha ocurrido durante la segunda mitad del siglo XX para que ya no lo sea?

Sencillamente, que la dignidad del hombre ha sufrido el mayor ataque de toda su historia. Es curioso que esto haya ocurrido precisamente a la vez que la Organización de las Naciones Unidas aprobaba en 1948 la Declaración Universal de los Derechos Humanos. Este ataque procede del ateísmo materialista, que se ha extendido imparablemente por los medios de comunicación, cuyo objeto es la reducción del hombre al nivel de un animal más, para negar su posible trascendencia (la inmortalidad del alma, en lenguaje clásico).

La idea de que las especies biológicas sean comparables unas con otras, de que unas puedan considerarse superiores a las demás, prácticamente se considera anatema. Después de la igualdad fundamental de los seres humanos, atribuida usualmente a la Revolución Francesa (aunque San Pablo lo dijo antes), pasamos a la igualdad fundamental de las especies vivas: el piojo no es inferior al hombre, ¡faltaría más!

En palabras del biólogo Julian Huxley[48] (1887-1975): *La opinión del hombre sobre su posición respecto al resto de los animales se ha movido como un péndulo de un orgullo demasiado grande a uno demasiado pequeño... La separación entre el hombre y los animales no se ha reducido exagerando las cualidades humanas de los animales, sino minimizando las cualidades humanas del hombre*[49]. Otro biólogo famoso, George Gaylord Simpson (1902-1984) dice: *[el hombre] es otra especie de animal, pero no sólo otro animal. Es único en modos peculiares y extraordinariamente significativos*[50]. Finalmente, Theodosius Dobzhansky (1900-1975) escribió a este respecto: *El evolucionismo clásico puso énfasis en los muchos aspectos en que los seres humanos son fundamentalmente similares a otras especies biológicas. Ahora es más importante que estudiemos en qué somos distintos a otras especies.* Más adelante añade: *La especie humana es única en el mundo vivo por un complejo de características interdependientes. Aunque algunas de ellas pueden encontrarse en estado rudimentario en animales no humanos, como complejo son únicamente propiedad del hombre... [Gracias a la cultura] la evolución humana ha trascendido, ha ido más allá de los límites de la evolución biológica*[51].

---

[48] Biólogo, nieto del famoso discípulo de Darwin, T.H. Huxley, y hermano de Aldous Huxley y de Andrew Fielding Huxley, ganador en 1974 del premio Nobel de Fisiología y Medicina.
[49] *Man stands alone* (El hombre es único), 1941.
[50] *This view of life* (Esta visión de la vida), 1964.
[51] *Human culture: a moment in evolution* (La cultura humana: un momento en la evolución), obra póstuma terminada por Ernest Boesiger, 1983.

Una versión moderna de la sistemática, la parte de la biología que se ocupa de la clasificación de los seres vivos, ha venido a echar más leña a este fuego. Se trata de la cladística, que intenta ordenar los seres vivos de forma más natural que las clasificaciones tradicionales, construyendo el árbol genealógico de las especies, de modo que dos especies que se han separado más recientemente tienen que estar más próximas entre sí que otras dos que se separaron en una fecha más antigua.

En un libro en el que describe los métodos y los resultados de la cladística, Colin Tudge[52] considera a esta ciencia como *una revolución similar a la de Copérnico, porque ha retirado a Homo sapiens de la posición suprema en la naturaleza, aumentando el número de reinos en nuestras clasificaciones. Antes teníamos sólo dos* (animales y plantas), *ahora tenemos más de cincuenta* (porque casi todos los grupos de seres unicelulares, los que aquí hemos llamado segundo y tercer nivel de la vida, reciben ahora el rango de reinos). *Por eso resulta que no somos importantes* (total, no somos más que simples miembros de un reino entre cincuenta, donde antes éramos miembros de un reino entre dos).

El argumento es asombroso. Sin modificarlo apenas, serviría para probar que no se puede considerar a Rembrandt un gran pintor: construyamos un árbol cladístico de la pintura (es fácil hacerlo), y llamemos escuela o civilización a cada uno de los primitivos.

En realidad, la importancia no tiene nada que ver con el número de escuelas (o de reinos) ni con el orden de su aparición. La cladística nos da información útil sobre el origen de las especies a lo largo del tiempo, pero un sistema de clasificación moderno debería tener en cuenta

---

[52] *The variety of life* (La variedad de la vida), Oxford University Press, 2000.

otras cosas, como la complejidad. Los cuatro niveles de los seres vivos, descritos en los capítulos anteriores de este libro, nos dan una escala de medida de la complejidad mucho más fiable que los cincuenta reinos de las clasificaciones cladísticas.

Desde el siglo XVIII, cuando surgió el mito del Progreso Indefinido, estamos acostumbrados a despreciar los conocimientos científicos medievales y de la Antigüedad, acusando a nuestros antepasados de ignorancia y de preferir los mitos a los hechos duros en que se basa la ciencia. Aunque nos sorprenda, estudiando la cuestión con cuidado se llega a la conclusión de que somos nosotros los que, a menudo, nos dejamos arrastrar por las apariencias y fomentamos la proliferación de mitos seudocientíficos y conocimientos falsos, que atraen la atención de los medios de comunicación de masas y se extienden con rapidez, llegando a ser casi inerradicables.

Mencionaré un par de ejemplos: ¿cuántas veces hemos oído decir que *en la Antigüedad y en la Edad Media se creía que la Tierra es plana*? Las personas bien informadas saben que este lugar común es falso, pero está muy extendido entre lo que podríamos llamar *el hombre de la calle*. La realidad es que, hace dos mil quinientos años, los griegos sabían que la Tierra es una esfera (Aristóteles menciona tres demostraciones independientes), y que, durante la Edad Media, sólo los ignorantes creían que la Tierra es plana y que los barcos que llegasen a su extremo se caerían.

También es corriente oír que *en la Antigüedad y en la Edad Media se creía que la Tierra es muy grande: la astronomía moderna ha demostrado que es infinitesimal, comparada con el universo*. Este mito está más extendido que el anterior, pero es igualmente falso, pues ya Arquímedes calculó que el radio de la Tierra es al menos mil millones de veces menor que la distancia a la estrella más próxima, acertando el orden de magnitud, y Claudio Ptolomeo (cuyo *Almagesto* fue texto estándar de astronomía durante toda la Edad Media) escribió: *La Tierra, en relación con la distancia de las estrellas fijas, no tiene tamaño apreciable y debe considerarse como un punto matemático* (Libro I, Capítulo 5).

De aquí surgió otro mito, derivado del anterior, que es el que aquí nos concierne, según el cual el hombre antes creía ser el más importante del universo, pero la ciencia moderna ha demostrado que en realidad no tenemos la menor importancia. Copérnico, primero, nos ha sacado de la posición central de nuestro planeta; Darwin y la cladística han probado que sólo somos una especie entre muchas; el estudio del genoma humano, que somos prácticamente chimpancés y poco más que moscas; la física moderna, que nuestro cuerpo está formado por átomos insignificantes. Las dos primeras afirmaciones son ya bastante antiguas, las dos últimas son recientes.

Es falso que los hombres que vivieron en la Edad Media se considerasen los más importantes del universo. En la Divina Comedia, Dante, siguiendo la cosmología de Ptolomeo, realiza un viaje por las esferas celestes. Al llegar a la de Saturno, se vuelve a mirar a la Tierra y le parece pequeñísima. En consecuencia, juzga dignos de menosprecio los problemas que usualmente preocupan al hombre (*Paradiso*, 22:133 y siguientes).

Los últimos descubrimientos sobre el genoma se presentan siempre en los medios como humillaciones que tenemos que sufrir, que rebajan nuestra dignidad, cuando se trata de simples constataciones numéricas que no tienen esas consecuencias. Se dice, por ejemplo, que el genoma humano coincide con el del chimpancé en un 98,5%. De ahí se intenta deducir que somos prácticamente idénticos al chimpancé. La conclusión es falaz y lo demostraré con un ejemplo: aplicando el mismo criterio, podríamos pensar que el agua pura a presión normal y 273°K tiene que ser prácticamente idéntica al agua a 274°K (al fin y al cabo, su temperatura sólo difiere en un 0,36%, mucho menos que los genomas del hombre y del chimpancé). Sin embargo, no pueden ser más diferentes: la primera es sólida (hielo) y la segunda líquida.

Este ejemplo nos enseña que el mundo no es lineal, sino que existen en él crecimientos bruscos, estancamientos y cambios de estado (como el que tiene lugar en los puntos de fusión y de ebullición del agua). Los datos sobre los genomas del hombre y el chimpancé sólo demuestran que ese 1,5% de diferencias fue suficiente para atravesar el umbral de la razón, que nos ha colocado en un nivel completamente diferente. Por otra parte, estos cálculos no siempre son estadísticamente válidos, pues no suelen realizarse sobre el genoma completo del hombre y del chimpancé, sino sobre una muestra que rara vez sobrepasa el 1% de los genes. Otros resultados, obtenidos comparando las proteínas, parecen dar cifras muy diferentes.

En un artículo publicado en Nature el 27 de mayo de 2004, varios investigadores anuncian que han comparado los genes funcionales de un cromosoma humano con el correspondiente del chimpancé. Sus resultados son sorprendentes: como esperaban, el 98,5 de los nucleótidos coincidieron, pero de 231 genes funcionales comparados, 47 difieren entre sí y producen proteínas distintas. Dicho de otro modo, ese 1,5% de diferencias en los nucleótidos está distribuido a lo largo de muchos genes, dando lugar a una diferenciación genética superior al 20%. Sin embargo, esta noticia no ha recibido en los medios una atención semejante a la anterior. Al aumentar la diferencia genética entre el hombre y el chimpancé, nos aleja de los animales, por tanto no es noticia, es mejor ocultarlo. Ante esta reacción, no tengo más remedio que acusar a los medios de falta de honradez profesional, pues sólo publican las noticias que favorecen a su ideología.

Pasemos a la segunda afirmación. En un artículo del año 2000, Michael S. Turner[53] discute el estado de la investigación en ese momento sobre la masa del cosmos y la clasifica así: 65% de energía oscura (que provocaría la expansión acelerada del universo); 30% de materia oscura (formada por partículas aún desconocidas); 4% de hidrógeno y helio, dispersos por los halos de las galaxias; 0,5% de neutrinos; 0,5% de materia condensada en forma de estrellas y galaxias visibles. De este último 0,5%, más del 98% es hidrógeno y helio, y el resto (una proporción muy pequeña) corresponde a los restantes elementos, que son los que componen mayoritariamente la Tierra y nuestro cuerpo. De esta enumeración, algunos (el autor sólo lo apunta como posibilidad) sacan la conclusión de que, puesto que los átomos que componen nuestro cuerpo son poco abundantes, nosotros somos poco importantes, que nuestra existencia es un epifenómeno; en fin, que no valemos nada.

Es curiosa la tendencia a denigrar al hombre utilizando incluso argumentos como éstos, que estallan en las manos de quien los usa. A lo largo de la historia de la humanidad, las cosas más escasas han sido siempre las más valiosas. Cuando existen millones de ejemplares de un sello de correos, éste no vale nada; si sólo quedan tres, se vuelven inapreciables. Los cuadros de Velázquez y Van Gogh alcanzan precios elevadísimos precisamente porque son únicos. El oro tiene el valor que tiene, porque es uno de los elementos menos abundantes.

---

[53] *More than meets the eye*, The Sciences, Nov.-Dec. 2000.

* * *

La dignidad biológica de la especie humana no debe calcularse en función del número de sus genes (provisionalmente calculado en dos veces mayor que el de la mosca del vinagre[54]), ni del número de sus coincidencias con otras especies, ni de la frecuencia mayor o menor de sus átomos, sino en función de sus actos sobre el entorno que le rodea, de acuerdo con la frase del Evangelio: *Por sus obras los conoceréis*. Nuestra dignidad estará en función de cómo nos comportemos, no del número de nuestros genes. Los números son engañosos. ¿A alguien le parecería correcto que se afirmase que el hombre es veinte veces menos importante que el elefante porque pesa veinte veces menos? Pues últimamente se están oyendo cosas parecidas, como consecuencia de nuestra tendencia a cuantificarlo todo y a confundir las diferencias cualitativas con las meramente cuantitativas.

¿Cuáles son nuestras obras? ¿Qué hemos hecho en el mundo para ganarnos el primer puesto que tradicionalmente se nos asignaba y que sólo recientemente se está poniendo en duda? ¿Cómo se comparan nuestras obras con las de otros seres vivos?

Consideremos la Tierra, vista desde cierta distancia. Su aspecto parece bastante estable, pero ha ido cambiando considerablemente con el tiempo. Veamos cómo:

---

[54] Entresaco las siguientes palabras de un artículo publicado por Fernando Sáez Vacas el 7 de setiembre de 2000 en la sección *Noosferia* (revista *eWEEK*), que también aparece en su libro *Más allá de Internet: la red universal digital* (2004): *A propósito de la escasa diferencia entre el número de genes del genoma humano y de -pongamos- la mosca del vinagre, se ha dicho toda clase de tonterías, sin caer en que la complejidad de un organismo depende de ese número, pero sobre todo de la forma de regularse y de interactuar unos genes con otros.*

1. Antes de la aparición de la vida, toda la Tierra era estéril. Su superficie se dividía, como ahora, en océanos y continentes, pero estos últimos eran desiertos. Los colores dominantes eran los pardos y amarillos. La atmósfera estaba compuesta, principalmente, de nitrógeno y anhídrido carbónico. No había ozonosfera y los rayos ultravioleta llegaban a la superficie en proporción mucho más alta que en la actualidad. La aparición de la vida no supuso una revolución en el aspecto de la Tierra a distancia. Los primeros seres vivos eran microscópicos, invisibles en el margen de escalas que estamos considerando.
2. Hace unos 2000 millones de años apareció la fotosíntesis, probablemente en seres similares a las cianobacterias actuales. Aunque seguían siendo microscópicos, estos seres provocaron un cambio visible en el aspecto de la Tierra a distancia. Por un lado, reunidos en grandes masas tienen color predominantemente verde (por la clorofila) lo que cambió ligeramente el tono dominante del agua del mar. En segundo lugar, la atmósfera pasó a componerse principalmente de nitrógeno y oxígeno, por lo que su espectro cambió: un extraterrestre inteligente que lo hubiese obtenido, habría notado que las rayas correspondientes al anhídrido carbónico habían sido sustituidas por las del oxígeno. En tercer lugar, algunas cianobacterias se agruparon para vivir juntas en gran número, llegando a formar estructuras macroscópicas (estromatolitos). Por primera vez, los seres vivos se hacían visibles a simple vista.
3. Con el paso del tercer al cuarto nivel de la vida, es decir, con la aparición de las plantas (metafitos) y animales (metazoos), el aspecto de la tierra firme cambió drásticamente. El color predominante de los continentes pasó a ser el verde. Los

animales son menos visibles desde lejos, pero en cuanto comenzaron a surgir especies voladoras (insectos, pterosaurios, aves, murciélagos) se vuelven también detectables. Finalmente, los vertebrados cambiaron el panorama acústico de la Tierra, llenándolo de sonidos (trinos, rugidos, etc.), que sustituyeron al silencio anterior, roto únicamente por el viento, las olas del mar y algún que otro desprendimiento ocasional.

4. Y llegamos al hombre moderno. Tenemos aquí una situación excepcional: por primera vez en la historia de la Tierra, una sola especie es capaz, por sí sola, de cambiar el aspecto del planeta entero, visto desde lejos. El aspecto visual ha cambiado por completo, pues toda la superficie de los continentes está ahora salpicado de ciudades, carreteras, autopistas, puertos, canteras... y lo que Selma Lägerlof[55] llamaba *la tela a cuadros* (el aspecto que tienen desde el cielo los territorios divididos en zonas dedicadas a diversos cultivos). Esto es especialmente visible de noche, pues los continentes se convierten en fuentes de luz en una parte considerable de su superficie, gracias a la iluminación nocturna de ciudades y vías de comunicación. El panorama auditivo también se ha modificado, pues los ruidos generados por el hombre son ahora dominantes. Pero lo más espectacular es que, a partir del siglo XX, ha cambiado también el espectro de radiofrecuencia de la Tierra, que se ha convertido, por la acción del hombre, en un emisor de ondas en casi todas las frecuencias. Para unos extraterrestres que estuviesen observando la Tierra con radiotelescopios, el efecto debió de ser semejante al de una iluminación intensa y repentina.

---

[55] En *El maravilloso viaje de Nils Holgersson a través de Suecia*.

Esto no es todo. Otros grupos de animales (reptiles, mamíferos) y plantas han invadido todos los continentes y son capaces de sobrevivir en todos los ambientes, incluido el aéreo y el acuático, pero con especies distintas para cada uno. El hombre es el único que lo ha conseguido dentro del ámbito de una sola especie. Hace unos quince mil años, un grupo de nómadas atravesó el estrecho de Bering, que separa Asia de América. La colonización final del planeta por el hombre se hizo esperar, sin embargo, hasta tiempos modernos. Los polinesios comenzaron su expansión por el océano Pacífico hacia el año 1000 antes de Cristo. La llegada de los maoríes a Nueva Zelanda no tuvo lugar hasta el año 900 de nuestra era. Finalmente, las tierras polares de la Antártida fueron conquistadas en los albores del siglo XX.

El hombre es el único ser vivo capaz de manipular conscientemente la evolución de otros seres vivos. Esto lo viene haciendo hace miles de años, mediante la cría selectiva, pero últimamente el proceso se ha acelerado de forma espectacular con los avances de la ingeniería genética. Hablaremos de ello en el capítulo 12.

Asimismo, el hombre es la única especie animal capaz de haber provocado una extinción masiva, que amenaza afectar a una proporción considerable de las demás especies de seres vivos. Como hemos visto en el capítulo anterior, ha habido más de una de estas extinciones en la historia de la vida, pero parecen haber sido causadas por impactos de meteoritos, cambios bruscos de clima o catástrofes diversas. La extinción que estamos viviendo es muy diferente, pues somos los seres humanos los que la hemos producido. Por primera vez, una única especie provoca, no ya la extinción de alguna de sus competidoras, sino de miles, o quizá de millones de especies.

Se podrá aducir que esto no es algo de lo que debamos sentirnos orgullosos, que deberíamos hacer todo lo posible por evitarlo, que somos moralmente responsables ante *la vida en la Tierra* por los destrozos que estamos causando. Lo acepto. Pero esto mismo nos hace distintos: somos la única especie viva que se ha planteado esta cuestión y que ha desarrollado un sentido moral, que no sólo afecta a nuestras relaciones con otros miembros de la misma especie, sino que incluso nos hace responsables ante todas las demás.

* * *

El hombre ha llegado a realizar todas estas cosas, porque ha trascendido la evolución biológica y se ha convertido en la única especie que ha invadido un campo totalmente nuevo: la evolución cultural. La cultura ha acompañado a la especie humana durante toda su historia: ya *Homo habilis* era capaz de crear artefactos primitivos (la cultura de las piedrecitas). Los avances fueron lentos durante más de dos millones de años, pero súbitamente se aceleraron de forma desmesurada.

Hace unos diez mil años se produjo en Oriente Medio la revolución neolítica: los inventos de la agricultura y la ganadería permitieron al hombre independizarse de su ambiente y aumentar enormemente la población. Se formaron ciudades, imperios, civilizaciones, se inventó la escritura. A partir de ese momento, el código genético dejó de ser el medio más importante para la transmisión de información entre dos generaciones consecutivas. La evolución biológica se convirtió en evolución cultural.

Las leyes que actúan en la evolución cultural son muy parecidas a las de la evolución biológica, pero también existen notables diferencias entre ambas. La selección natural, la variabilidad cultural, la influencia del aislamiento geográfico son las mismas. De acuerdo con esta perspectiva, las civilizaciones son equivalentes a las especies biológicas. Surgen, es cierto, fenómenos nuevos: la evolución se hace más rápida, dada la ductilidad del medio cultural sobre el que actúa; la hibridación, fenómeno muy difícil entre especies zoológicas distintas, es frecuente entre las culturas y civilizaciones humanas. A finales de la década de 1960 y principios de la de 1970, surgieron los primeros intentos[56,57,58] de estudiar los paralelismos entre las dos formas de la evolución, la biológica, que el hombre comparte con todos los seres vivos, y la cultural, propia exclusivamente de nosotros. Son importantes también los trabajos del biólogo ruso-norteamericano Theodosius Dobzhansky (1900-1975), recopilados y publicados en 1983 con el título *Human culture: a moment in evolution*[59].

Yo mismo participé en este trabajo. En 1977 escribí un libro[60] en el que planteaba una teoría, según la cual los elementos de las culturas humanas están sometidos a las leyes de la evolución, pero con algunas diferencias. En esencia, distinguí dos niveles, uno inferior (biológico) y otro superior (cultural). La tesis del libro se resume en la introducción en dos principios fundamentales:

1. Las leyes de la evolución aplicables en un nivel se aplican también en los niveles superiores.

---

[56] Campbell D.T. 1965. *Variation and selective retention in socio-cultural evolution*. En: Barringer H.R., Blanksten G.I. and Mack R.W. (eds). Social change in developing areas, a reinterpretation of evolutionary theory. Schenkman Publishing Co.
[57] Cavalli-Sforza L. and Feldman M. 1973. *Cultural versus biological inheritance: phenotypic transmission from parents to children*. Human Genetics 25: 618-637
[58] Cloak FT. 1975. Is a cultural ethology possible? Human Ecology 3: 161-182.
[59] Véase la nota 50.
[60] *Human Cultures and Evolution*, Vantage Press, New York, 1979.

2. Las leyes de la evolución aplicables en un nivel no se aplican necesariamente en los niveles inferiores.

Por estos años, Richard Dawkins[61] inventó el nombre de *meme* (las ideas y los elementos fundamentales de la cultura), que propone como equivalentes culturales de los genes, y divulgó la nueva ciencia de la *memética*, que estudia los procesos evolutivos en el campo de la cultura. Algunos biólogos, como Stephen Jay Gould, consideran la memética una metáfora con poco valor. Creo, con Dawkins, que es más, pero es verdad que la analogía puede fallar por el deseo excesivo de demostrar que la evolución biológica y la cultural son exactamente iguales, olvidando las diferencias. Del estudio detallado de los fenómenos culturales se deduce que muchos mecanismos evolutivos actúan, en efecto, de la misma manera sobre los genes que sobre los memes (esto es lo que expresé con mi primer principio), pero también aparecen fenómenos y procesos nuevos, emergentes, que diferencian ambos campos de aplicación, conforme a mi segundo principio. El problema con la memética de Dawkins es que hace caso omiso de los fenómenos y procesos emergentes.

Una de las diferencias más significativas, que afecta a los elementos culturales, pero no a los biológicos, es el concepto de *verdad*, que proporciona un criterio de selección natural desconocido entre los genes. No se puede, en efecto, afirmar que un gen sea más verdadero que otro, sólo puede ser más útil para la supervivencia de los individuos que lo poseen. Entre los memes, sin embargo, hay algunos para los que el criterio de verdad o falsedad pasa a ser esencial.

---

[61] Dawkins R. *The selfish gene* (El gen egoísta), Oxford University Press, 1976.

Pensemos en los numerosos ejemplos que proporciona la ciencia: la razón por la que la teoría de la gravitación universal de Newton fue suplantada por la relatividad general de Einstein, después de dos siglos de triunfos ininterrumpidos, fue porque la segunda se acerca más a la verdad (describe mejor el universo). Evidentemente, una teoría más verdadera tiene también, en algún sentido, una utilidad mayor, pero no necesariamente en todos, pues las teorías establecidas, aunque falsas, pueden proporcionar ventajas políticas o económicas mayores que las asociadas a la satisfacción producida por las predicciones científicas correctas. Sin embargo, la mayor parte de los científicos y los filósofos de todos los tiempos han defendido que es un deber del hombre la defensa de la verdad por encima de los beneficios de cualquier otra índole que pueda obtener de las teorías falsas o incompletas.

Este es el fallo fundamental de Dawkins y otros que divulgan sus teorías, como Daniel Dennett: tratan de explicar la evolución cultural únicamente mediante los mecanismos típicos de la evolución biológica, sin tener en cuenta conceptos emergentes como el deber o la verdad. Naturalmente, ellos sostienen que dichos conceptos son también memes, sujetos por tanto a tratamiento por parte de la memética, sin darse cuenta de que al decir esto siegan la hierba bajo sus pies, pues conceptos como la selección natural o la evolución, en los que apoyan sus teorías, también son memes, y sin embargo los excluyen del análisis, se toman como probados, como axiomas. Sabemos que toda teoría científica precisa de cierto número de axiomas o postulados fundamentales, que no es preciso demostrar. Yo sostengo que los axiomas de la memética, según Dawkins, son incompletos, y que los conceptos emergentes que he mencionado son inexplicables en función de la pura biología.

Partiendo de sus creencias ateas militantes, Dawkins y los suyos utilizan la memética para atacar la religión, que clasifican como un meme parásito, semejante a un virus dañino. Es sorprendente que estos científicos se salten hasta ese punto, por razones ideológicas, el criterio fundamental de la ciencia: la verdad, que debe quedar por encima de la utilidad. Esto se nota incluso en los títulos que utilizan, como el del artículo *What evolutionary good is God?* publicado por Dennett en la revista *The Sciences* en enero de 1997. No se plantea la cuestión de la verdad o la falsedad de la existencia de Dios, únicamente su utilidad.

En un artículo publicado en 1944, C.S.Lewis[62] abordó la pérdida del sentido de la verdad y la falsedad de los argumentos, que nos ha invadido durante el siglo XX y que considero una de las amenazas más peligrosas para el desarrollo científico futuro. El procedimiento, cada vez más utilizado para denigrar alguna cuestión, para oponerse a alguna idea religiosa o filosófica, consiste en presuponer, como punto de partida, sin demostración, que la idea es absurda o falsa. A partir de ahí, uno trata de explicar cuáles son las causas no racionales por las que la persona que tiene esa creencia u opinión llegó a tenerla. De este modo, se distrae la atención de la cuestión fundamental, la única que importa: ¿es realmente absurda o falsa esa idea? ¿O quizá, después de todo, podría ser verdadera?

Este es, exactamente, el método utilizado por Dawkins y sus seguidores para atacar la religión. Es un método propio de sofistas, en el mal sentido del término, que como sabemos acabó aplicándose a los charlatanes que demostraban cualquier cosa, retorciendo y abusando de

---

[62] C.S.Lewis, *Bulverism*, The Socratic Digest, pp. 16-20, June 1944. En *God in the dock*, Eerdmans, 1970.

las facultades humanas intelectuales que han hecho posibles los verdaderos avances del pensamiento y de la ciencia.

Puedo comprender que los agnósticos no se sientan convencidos de la existencia de Dios y mantengan la mente abierta. Los creyentes no presentan problema, pues rara vez apoyan su fe en Dios en razones supuestamente científicas. Pero me resulta difícil entender la postura de los ateos militantes, que no demuestran su negación de la existencia de Dios, sino que la toman como axioma o punto de partida, pero tratan de presentarla como si fuese un resultado probado por la ciencia. Es fácil comprender, por poco que se piense, que la ciencia jamás demostrará que Dios no existe. El ateísmo seudocientífico es una forma más de religión, que trata de disfrazarse de ciencia. (Hay otras religiones ateas, como el budismo *hinayana*). Volveremos sobre esto en el capítulo 11.

* * *

En resumen: de todos los estudios mencionados, se deduce que la evolución de la vida no ha cambiado de forma fundamental: la misma corriente subyace los cambios en los seres del primer nivel (evolución química), del segundo y tercero (evolución celular), del cuarto (evolución orgánica) y del hombre, considerado como creador de cultura (evolución cultural), aunque al saltar a un nivel diferente pueden surgir fenómenos nuevos, imprevisibles en los niveles inferiores.

Es evidente también que, con la aparición del hombre, se ha cruzado un umbral, ha tenido lugar un cambio de estado. Del mismo modo que el agua, al cruzar el punto crítico de su punto de fusión, pasa de la inmovilidad total (o de una movilidad extremadamente lenta) a la libertad de trasladarse en dos dimensiones; del mismo modo que el agua, al cruzar el punto crítico de su punto de ebullición, pasa de la movilidad en dos dimensiones a la libertad de trasladarse en las tres dimensiones del espacio; del mismo modo, la vida, al cruzar el punto crítico de la aparición del hombre, pasó, de una evolución puramente genética, a la libertad, inconcebible para todas las especies anteriores, de evolucionar en un campo nuevo, el entorno cultural. Esta es una forma de evolución mucho más rápida y flexible, que permite intercambios entre civilizaciones diferentes y la adaptación de un ser humano concreto a una cultura totalmente distinta de la suya, lo que equivaldría, en principio, al fenómeno imposible de que un ser vivo cambiara, a lo largo de su vida, la especie a la que pertenece.

El carácter único del hombre, como especie creadora de cultura, es incontrovertible, hasta el punto de que algunos biólogos modernos llegan a sostener que el hombre debería clasificarse en un reino propio (como los animales y las plantas), pues su impacto ecológico sobre la Tierra ha sido al menos tan grande como el de las segundas y mayor que el de todos los animales juntos. Creo que existen pruebas abrumadoras de que, como dije al principio, *el hombre es la cima presente de la evolución*. Por supuesto, esto no significa que deba seguir siéndolo en el futuro, que haya llegado *el final de la historia de la vida*.

7. Hacia el quinto nivel

¿Existe un quinto nivel de la vida? ¿No hemos llegado en el capítulo anterior hasta el hombre, cima de la evolución? ¿Hay en la Tierra algo aun más complejo, más importante? ¿Puede llegar a haberlo en el futuro?

Tenemos a nuestro alrededor muestras, indicios incon-fundibles de que la evolución se prepara a dar un salto más. Por otra parte, esto es razonable. ¿Por qué había de ser el cuarto nivel el fin del proceso? ¿Por qué no ha de poder repetirse el paso que llevó del primer nivel (los ácidos nucleicos) al segundo (las células procariotas), de éste al tercero (las células eucariotas), del tercero al cuarto (los seres pluricelulares)? Si el cambio de nivel ha ocurrido ya tres veces, ¿por qué no cuatro?

Resumiendo lo que hemos visto en los capítulos anteriores, el salto desde un grado de evolución al siguiente consiste siempre en la unión de varios individuos del nivel inferior para formar un superorganismo más complejo. La célula procariota contiene en su interior numerosas moléculas de ácidos nucleicos; la célula eucariota contiene varios procariotas; el animal o la planta están formados por la unión de una multitud de células. Es evidente, por tanto, que un hipotético ser de quinto nivel debería estar constituido por la unión de numerosos individuos del cuarto nivel (plantas o animales) que actúen solidariamente para la obtención del bien común del conjunto que entre todos constituyan.

He dicho al principio que ya tenemos a nuestro alcance indicios de que la aparición de seres del quinto nivel no es una mera lucubración filosófica. Hechos que apuntan inconfundiblemente en la dirección indicada. ¿Cuáles son estos hechos? ¿Qué individuos incipientes del quinto nivel existen hoy sobre la Tierra?

En los mares cálidos del globo, especialmente en el Pacífico occidental, se encuentran unas curiosas formaciones, otrora terror de los marinos, que reciben el nombre de arrecifes de coral. Están constituidos predominantemente por carbonato cálcico (caliza), que procede de los esqueletos de innumerables seres diminutos llamados pólipos. A profundidades moderadas, que no rebasan los cien metros, los pólipos están vivos, formando colonias. Todos los individuos de una colonia están estrechamente emparentados, pues proceden de un antepasado único que se ha reproducido por gemación. Este método de reproducción no sexual consiste en la aparición, en el cuerpo del progenitor, de yemas, que se desarrollan y terminan por convertirse en individuos completos. La gemación es propia de invertebrados acuáticos relativamente sencillos, como los celentéreos, poríferos, briozoos, cordados tunicados (ascidias), y otros grupos menos conocidos. A veces, el individuo formado a partir de la yema se separa y hace vida independiente, pero en otros casos permanece unido físicamente a su progenitor, y la repetición del proceso lleva a la formación de una colonia.

El conjunto funciona como un superorganismo único: los individuos componentes están unidos entre sí a través de su propio cuerpo, tienen partes comunes y, en algunos casos, se especializan para la realización de funciones concretas. Existe un grupo de celentéreos, los sifonóforos, cuyas colonias viven flotando en el mar y cuyo aspecto recuerda al de las medusas. Los individuos que las forman se dividen en varios tipos que se diferencian extraordinariamente entre sí por su forma y función. Algunos se encargan de asegurar la flotabilidad de la colonia y se han transformado en vejigas llenas de aire. Otros se alargan, convirtiéndose en tentáculos o filamentos cargados de células urticantes, que emplean para capturar sus presas, que a su vez digieren otros miembros de la colonia. Unos pocos, finalmente, toman a su cargo la realización de las funciones reproductoras.

Los invertebrados coloniales son muy antiguos, pues los primeros restos conocidos se remontan al período cámbrico, hace más de quinientos millones de años. ¿Significa esto que ya existían seres del quinto nivel desde el principio del fanerozoico?

Pienso que la respuesta debe ser negativa. Los invertebrados coloniales son organismos muy elementales, próximos al origen de la diversificación de los metazoos. La individualidad de los animales pluricelulares no está muy desarrollada aún en ese nivel de la evolución, por lo que las fronteras entre individuo e individuo son dudosas. Los miembros de una colonia actúan más como órganos de un metazoo complejo que como bloques para la constitución de un ente de orden superior. De todas formas, es preciso reconocer que, aunque los resultados no sean espectaculares, nos encontramos ante un ensayo incipiente de la evolución hacia el quinto nivel de la vida.

Los insectos sociales nos ofrecen el segundo ejemplo, mucho más a propósito. Dos de los órdenes de estos animales evolucionaron durante la era mesozoica hasta dar lugar a cuatro formas diferentes que viven en sociedad. El proceso culminó, aparentemente, durante el período cretácico, y en cien millones de años o más, no parecen haberse producido cambios apreciables en ninguno de los cuatro grupos. Los dos órdenes mencionados son los isópteros (termes) y los himenópteros (hormigas, avispas y abejas). Las líneas evolutivas de estos dos órdenes se separaron entre sí mucho antes de la aparición de las tendencias sociales. Se trata, por consiguiente, de un caso de convergencia adaptativa, uno de los procesos típicos de la evolución biológica, como consecuencia del cual pueden alcanzarse independientemente los mismos resultados por varios caminos diferentes. El ejemplo clásico de convergencia adaptativa es el del topo (un mamífero) y el grillotopo (un insecto), cuya forma física es muy semejante, porque ambos se han adaptado independientemente a la vida subterránea.

Los isópteros están emparentados con las cucarachas primitivas del período carbonífero superior, y alcanzaron la etapa social al menos en el triásico, hace doscientos millones de años. Los himenópteros tuvieron un origen más tardío y son los más evolucionados de los insectos. Parecen haber alcanzado la vida social varias veces, independientemente, pues en este grupo existen tanto especies sociales, como otras que no lo son, como las abejas y avispas que hacen vida solitaria.

En las sociedades de estos animales se observan los mismos fenómenos de diferenciación, dependencia y solidaridad que hemos observado acompañan siempre a los cambios de nivel en la evolución de la vida:

- Diferenciación: los individuos de orden inferior se especializan para la realización de funciones diversas, requeridas para la supervivencia del organismo del nivel superior.
- Dependencia: la unión de todos ellos llega a ser tan estrecha, que cada individuo es incapaz de sobrevivir si, por un azar, se ve separado del conjunto.

- Solidaridad: la acción de cada miembro tiende primordialmente a asegurar el buen funcionamiento del todo.

Las sociedades de insectos alcanzan la diferenciación funcional por varios caminos, dependiendo del grupo al que pertenecen. Los termiteros, por ejemplo, pueden contener más de un millón de individuos pertenecientes a diversas castas: machos y hembras fecundos (reyes y reinas), provistos de alas, encargados de la reproducción; machos y hembras sexualmente inactivos, que a su vez se dividen en soldados, que se ocupan de la defensa de la colonia, y obreros, que realizan diversas funciones relacionadas con la alimentación y la construcción del termitero. En algunas especies, tanto unos como otros pueden subdividirse en otras subcastas. Hay también machos y hembras fecundos, sustitutos del rey y de la reina, que pueden pertenecer a varias castas intermedias entre éstos y los obreros.

Los termes no nacen perteneciendo a una casta determinada. Su diferenciación se produce como consecuencia de la alimentación que reciben cuando pasan por la etapa larvaria. En particular, el rey y la reina segregan hormonas que inhiben la producción de individuos fecundos. Si uno de ellos muere, la hormona en cuestión deja de difundirse por la colonia y algunas de las larvas más jóvenes se desarrollan hasta convertirse en un nuevo rey o una nueva reina.

Los himenópteros sociales se dividen en abejas, avispas y hormigas. Son los insectos más inteligentes (si se puede hablar de inteligencia a ese nivel), y tienen un cerebro bien desarrollado, mayor en proporción que el del resto de los insectos.

Las hormigas, himenópteros emparentados lejanamente con las avispas, son todas sociales. Un hormiguero puede contener, desde unas pocas docenas de individuos, hasta más de medio millón. El número de castas varía también, según la especie, desde tres (machos y hembras fecundos, obreras o hembras estériles) hasta más de veinte. Como en los termes, es la alimentación que recibe una larva la que determina la casta a la que pertenecerá.

Entre las avispas y las abejas se cuentan especies sociales y solitarias. Las avispas sociales forman nidos de papel o de barro que pueden contener hasta diez mil individuos, mientras que las colmenas de las abejas llegan a albergar unos cincuenta mil. El número de castas de estos himenópteros se reduce a las tres fundamentales: machos y hembras fecundos, y hembras estériles (obreras). La diferenciación social es, también en este caso, de origen trófico (depende de la alimentación que recibe cada individuo en su etapa larvaria), pero no se traduce, en el caso de las abejas, en la aparición de diferencias corporales apropiadas para su función, pues su conducta depende de la edad: una misma obrera se dedica primero a la limpieza de la colmena, más tarde alimenta a las larvas, después vigila la entrada del nido, y finalmente recolecta polen y néctar de las flores próximas a su vivienda. Estos cambios de conducta no son consecuencia de la educación, sino resultado de la programación genética de los individuos, común a toda la especie. Gracias a ellos, una sola casta realiza sucesivamente las tareas que, en otros insectos sociales, exigen la existencia de varias castas diferentes.

Entre las hormigas, las avispas y, especialmente, los termes, se da una forma de alimentación comunitaria que recuerda el cuerpo conjunto de los celentéreos, que consiste en que cada individuo digiere sólo una parte del alimento que come, y excreta el resto, que será aprovechado por otro individuo. De esta forma, con unos pocos que ingieran comida se alimenta toda la colonia, formándose un a modo de estómago colectivo.

En algunos casos, esto da lugar a la aparición de formas curiosas de parasitismo, como en las hormigas amazonas (*Polyergus*), cuyas obreras están especializadas para la lucha y mueren de hambre, incluso en presencia de comida, a menos que una obrera de la especie *Formica fusca* las alimente. Para disponer de esos auxiliares, las hormigas amazonas atacan los nidos de *Formica fusca*, matan a su reina y esclavizan a las obreras. En casos aún más extremos, como en las hormigas del género *Anergates*, la reina invade un nido del género *Tetramorium*, suplanta a su reina y, alimentada por las obreras de la otra especie, produce huevos que se convierten únicamente en reinas y machos de su misma especie, sin generar nunca obreras propias, ya que no las necesita.

En las abejas, en cambio, no existe estómago colectivo, pues los panales de miel desempeñan ese papel. El néctar recolectado por las obreras, que se transforma en su buche en miel por la acción de las enzimas digestivas, es regurgitado y almacenado en la colmena. Cuando una abeja tiene hambre, puede dirigirse para saciarla a cualquiera de los panales.

Un termitero, un hormiguero, un avispero o una colmena, es lo que más se acerca actualmente en la Tierra a un individuo del quinto nivel. Para todos los efectos prácticos, estas sociedades funcionan como un organismo único. Cada uno de sus miembros sólo puede vivir en contacto con los demás. Si una hormiga se pierde, muere en muy poco tiempo. Si encuentra otro hormiguero, incluso de la misma especie, no podrá entrar a formar parte del mismo, porque su olor diferente impedirá que sea aceptada como miembro.

No parece probable que el futuro de la evolución pase por los insectos sociales. De hecho, hay indicios de que su desarrollo evolutivo se ha detenido. Se conocen hormigas y abejas fósiles, prácticamente idénticas a las actuales, que hace más de treinta millones de años ya debían de comportarse igual que ahora. Las razones de esto no son difíciles de descubrir. Los insectos se ven restringidos, por su estructura física, a tamaños muy pequeños. La presencia de un esqueleto externo (un caparazón de quitina) es un impedimento importante para su crecimiento. Un esqueleto interno es mucho más eficiente, por lo que los vertebrados son los únicos animales terrestres que alcanzan grandes tamaños. Todas esas películas de *ciencia-ficción*, basadas en invasiones de hormigas o arañas monstruosas, no son posibles en la práctica: el exoesqueleto de las hormigas gigantes sería incapaz de soportar su peso y sus patas se quebrarían.

Ser pequeño puede tener ventajas, pero también presenta inconvenientes: el cerebro de un animal diminuto no puede tener el mismo número de células nerviosas que el de uno grande. Su inteligencia, por tanto, está muy limitada. Su conducta deberá ser, en su mayor parte, instintiva; genéticamente determinada. El campo de acción de la evolución no será muy amplio. Más pronto o más tarde, se llegará a un callejón sin salida.

Esto es lo que ha ocurrido con los insectos sociales. Es probable que la evolución haya alcanzado en ellos las más altas cotas de complicación instintiva que se pueden lograr con un sistema nervioso tan limitado como el de los artrópodos. Lo prueba el hecho de que, tras decenas de millones de años, transcurridos desde el origen de estas sociedades, la acción de la evolución biológica sólo ha producido cambios secundarios, tanto en los isópteros como en los himenópteros. Estos cambios han dado lugar a una gran diversidad: dos mil especies de termes, más de tres mil de hormigas, más de mil entre avispas y abejas sociales; pero no parecen haberse producido avances apreciables en la estructura social. Son animales de gran éxito, muy abundantes y extendidos por todo el mundo, pero estancados. No es entre los insectos donde encontraremos el dedo que nos señala el camino del futuro de la evolución.

* * *

La tendencia hacia la formación de sociedades es evidente entre los vertebrados. Desde los bancos de peces, pasando por las bandadas de aves, con su jerarquía más o menos estricta, hasta la estructura compleja de los rebaños y manadas de mamíferos (ciervos, antílopes, bisontes, lobos, babuinos y muchos más), en todas partes encontramos la repetición de los mismos fenómenos: la aparición del grupo organizado, la especialización funcional, que en los vertebrados se limita normalmente a la conducta, sin afectar la estructura corporal de los individuos concretos, excepto en lo que respecta a la diferenciación sexual. Es cierto que estas sociedades no pueden compararse en complicación y eficacia con las de los artrópodos. Por otra parte, son mucho menos rígidas: la movilidad vertical y horizontal en la manada, el rebaño o la bandada, son grandes. Cualquier individuo bien dotado puede, en principio, escalar por su propio esfuerzo las más altas cotas de la jerarquía dentro de su grupo, al contrario que en los insectos sociales, donde el individuo reproductor, centro de la colmena o el hormiguero, se escoge de forma aparentemente caprichosa y de una vez para siempre.

Pero hay un vertebrado que ha alcanzado niveles de socialización que prometen no quedarse a la zaga de los conseguidos por los isópteros y los himenópteros. Se trata del hombre.

Durante la mayor parte de su desarrollo evolutivo, las sociedades humanas no se diferenciaban significativamente de las manadas y rebaños de mamíferos, tanto por el número reducido de individuos que componían la tribu primitiva, como por el tipo de organización jerárquica de que ésta disfrutaba.

La manutención del grupo se aseguraba principalmente a través de la caza y la recolección de los productos espontáneos de la tierra. La primera era una empresa arriesgada, difícil e insegura; la segunda también tenía sus peligros (ataques de bestias salvajes o de tribus vecinas), y dependía, en grado considerable, de la casualidad. En estas condiciones, la alimentación de todos los miembros del grupo exigía la dedicación casi exclusiva de los individuos activos. Sólo los ancianos, los enfermos o impedidos, y los niños, dispondrían de cierto grado de tiempo libre. Los primeros eran escasos, pues existía una tasa de mortalidad muy elevada y la vida media no excedía de unos treinta años. No es de extrañar que los pocos que lograban rebasar esta edad, que en comparación con sus compañeros más jóvenes disponían de un acopio considerable de experiencia, fueran consagrados a tareas relacionadas con el gobierno y la administración de justicia. La sociedad tribal se componía, por tanto, de tres o cuatro categorías de personas, que se distinguían entre sí por el trabajo que realizaban: cazadores (generalmente varones), recolectores (a menudo mujeres), ancianos y personas inútiles para otra actividad, que podían dedicarse a labores más especializadas (tallar la piedra, curar a los enfermos, etc.) La pertenencia a una u otra clase venía fijada únicamente por la edad, el sexo y la constitución física del individuo.

Hace apenas diez mil años, con la revolución neolítica, surgieron las ciudades y estados modernos, sociedades mucho más complejas que la tribu, que integran a miles, millones y aun cientos de millones de individuos, que en los casos extremos dejan pequeñas a las más grandes agrupaciones de hormigas o de termes.

Al mismo tiempo que esto sucedía, la diferenciación social creció. La alimentación de la población pasó a depender de la agricultura y la ganadería, ocupaciones menos peligrosas que la caza y la recolección, con resultados más predecibles. Por otra parte, las nuevas técnicas de labranza y cría de animales hicieron posible que el trabajo de un solo hombre produjese lo suficiente para asegurar el sostén de muchos. No era necesario que todos se ocuparan en tareas de este tipo. Abundaba el tiempo libre y había que ocuparlo en algo.

Una de las primeras especializaciones que surgió fue la actividad guerrera, que proporcionó ventajas inmediatas a la sociedad en su conjunto: el ejército protegía a los agricultores y ganaderos contra los ataques de sociedades vecinas rivales, disminuyendo así los riesgos del oficio y aumentando la eficiencia de sus actividades. A cambio de la protección, los hombres del campo entregaban una parte de sus productos (los impuestos) para mantener a los guerreros que les defendían.

Como todo grupo humano (y animal), también los ejércitos primitivos adquirieron una jerarquía. Los mandos supremos se encontraron entonces en una posición privilegiada: disponían de hombres fieles y aguerridos, a quienes podían utilizar para obtener ventajas personales. Como el poder llama al poder, estos jefes acumularon progresivamente sobre sí la mayor parte de las actividades del gobierno de la ciudad o el territorio cuya subsistencia dependía de su protección. Así surgieron las primeras dictaduras militares. La tendencia innata en el ser humano a preferir a sus propios hijos frente a los demás hombres, tuvo la consecuencia inevitable de que los privilegios de los cargos supremos se hicieran hereditarios. Aparecieron las monarquías y los imperios.

La sociedad se dividió en castas o clases sociales: los hijos de los soldados se hacían soldados, los de los campesinos se dedicaban al cultivo de la tierra y a la cría de animales domésticos. En algunos lugares (notoriamente en la India, después de la invasión de los pueblos arios) la costumbre se convirtió en ley y la movilidad vertical disminuyó casi a cero. En otros países se permitió cierto grado de elasticidad social: un hombre decidido tenía algunas esperanzas de encumbrarse por su propio esfuerzo.

Paralelamente a la casta guerrera se desarrolló una elite religiosa. Las tendencias más o menos animistas del hombre primitivo, que parecen remontarse incluso a nuestros parientes, los hombres de Neandertal, sufrieron una cierta transformación con la revolución neolítica. Existen peligros para el buen éxito de las cosechas y, por ende, para la supervivencia de toda la sociedad, contra los que no sirve de nada la protección del ejército: las irregularidades del clima. Algunas de éstas, como las estaciones, son predecibles, pues están ligadas con la posición del sol en relación con las estrellas[63]. Por consiguiente, razonaron los primeros hombres civilizados, los fenómenos atmosféricos aparentemente impredecibles, las tormentas, granizadas, sequías e inundaciones catastróficas, deben de estar también relacionados de alguna forma con los movimientos de los astros, o bien serán consecuencia del capricho de algún dios. Las dos respuestas se aplicaron. La segunda (probablemente más antigua) dio lugar a la aparición de una casta sacerdotal encargada del apaciguamiento de los seres inmortales, de

---

[63] La precesión de los equinoccios es demasiado lenta para que fuera observada en un principio.

cuya buena voluntad podía depender la subsistencia de la nación. La primera, íntimamente relacionada con aquélla en los lugares donde floreció (Mesopotamia, América central y China) condujo al desarrollo de técnicas adivinatorias de diversos tipos y a la primera ciencia del hombre moderno: la astrología.

Las castas sacerdotal y guerrera tenían propiedades comunes. Ambas estaban exentas del trabajo productivo propiamente dicho, para consagrarse a la protección de las clases agrícolas y ganaderas frente a sus diversos adversarios divinos y humanos. Pero los sacerdotes, por la naturaleza de sus actividades, tenían que convertirse en los más cultos entre los habitantes de las primeras civilizaciones. No es de extrañar que se les adjudicase la misión de llevar la cuenta, no sólo de los movimientos celestes (el calendario), de los que dependían directamente las cosechas, sino también de la recaudación de impuestos en especie y de su distribución entre las clases ciudadanas no directamente productivas. Esta actividad de los sacerdotes condujo a la invención de diversos sistemas de escritura y notaciones numéricas, así como al desarrollo de la aritmética, la segunda de las ciencias del hombre moderno. Esto sucedió independientemente en Mesopotamia y Egipto (hace unos 5000 años), en la India (hace 4500 años), China (hace 3500 años) y Centroamérica (hace más de 2500 años). Poco después surgía en la mayor parte de estas civilizaciones una nueva casta o profesión: la de los escribas.

Una parte de la población, cuyos esfuerzos ya no eran necesarios para la producción de alimentos, se dedicó a actividades tecnológicas y dio lugar a la aparición de especializaciones nuevas: los gremios o castas de artesanos. Dentro de este grupo hay que contar, entre las profesiones más antiguas, la alfarería y la metalurgia (primero del cobre, luego del bronce, más tarde del hierro, a partir del año 1500 antes de Cristo). Al principio, los miembros de estas profesiones solían ser personas incapacitadas por su constitución física para otro tipo de actividad, como hemos visto ocurría también en las sociedades tribales. Este origen ha dejado huella en las mitologías primitivas: a menudo, el dios de los herreros es cojo (Hefestos en Grecia, Vulcano en Roma).

La proliferación de productos diferentes, fabricados o cultivados por especialistas, provocó la aparición de los comerciantes. Al principio a través del trueque, más tarde mediante la moneda metálica, inventada en Lidia (Asia Menor) hacia el año 700 a.C., los miembros de esta profesión favorecieron la diseminación de los frutos del trabajo humano en extensiones muy amplias, que a veces sobrepasan los límites de civilizaciones enteras.

El proceso de diferenciación social no se detuvo ahí. El número de castas, profesiones, clases sociales, etc., no hizo más que multiplicarse. El hinduismo, religión dominante en la India, clasifica a los seres humanos en cuatrocientas mil castas diferentes (hay una incluso para los ladrones), cada una de las cuales tiene su propio código moral, y existen leyes estrictas que regulan los matrimonios mixtos. Sin llegar a esos extremos, el número de profesiones distintas (especializaciones socio-culturales) que pueden distinguirse en una sociedad civilizada moderna es enorme. La pertenencia de cada persona concreta a una de ellas ha sido hereditaria algunas veces, a lo largo de la historia. Por ejemplo, el emperador romano Diocleciano (245-313) promulgó una ley que obligaba a los hijos a abrazar la misma profesión que su padre. En otras ocasiones, incluso en nuestros tiempos, existen fuertes presiones sociales o familiares que tratan de obtener el mismo resultado, aun cuando la legislación no fuerce a ello.

En la actualidad, al menos en los países pertenecientes a la civilización occidental europea, se admite generalmente la libertad de cada individuo para elegir la profesión que prefiera. El origen de la especialización social ha dejado, por tanto, de ser hereditario para transformarse en cultural. Pero, como vimos al final del capítulo anterior, las leyes de la evolución actúan de forma muy semejante sobre los dos substratos indicados, aunque también existen algunas diferencias importantes.

* * *

A medida que cada miembro de la sociedad humana se diferencia de los demás (no orgánica, sino cultural y profesionalmente), su dependencia respecto al conjunto social aumenta. Antes de la revolución neolítica, una tribu de hombres primitivos era casi totalmente autosuficiente. Ni siquiera era absurdo, probablemente sucedía con frecuencia, que una sola pareja se independizase y formara una nueva tribu en un territorio propio, antes desocupado. El número mínimo de seres humanos capaces de vivir solos, mantenerse y reproducirse para fundar una nueva sociedad, era igual a dos.

Una sociedad moderna, por el contrario, educa a sus miembros de tal manera, que se sentirán absolutamente inermes y perecerán irremisiblemente si se viesen obligados a vivir aislados. En el mejor de los casos, si logran sobrevivir, se verán reducidos a un estado de salvajismo elemental. Dicho de otro modo, aunque se base en un hecho real, Robinson Crusoe[64], que consigue prosperar completamente solo en una isla desierta durante más de veinte años, resulta menos realista que

---

[64] Daniel Defoe, *The life and strange surprizing adventures of Robinson Crusoe, of York, Mariner. Written by himself*, 1719.

Ayrton[65], que en las mismas circunstancias pierde rápidamente su humanidad, transformándose prácticamente en un animal salvaje.

En los siglos XVIII y XIX, la euforia subsiguiente a la avalancha de descubrimientos científicos que dio lugar al mito del Progreso Indefinido, llevó a la idea romántica de que el hombre civilizado debería ser capaz de imponerse a la naturaleza, cualesquiera que fuesen sus circunstancias. Hemos visto que Verne no cae en esta falacia en el caso de un hombre solo, pero incluso él se deja llevar por ella cuando la soledad no es absoluta. Precisamente en la misma novela, *La isla misteriosa*, en la que Ayrton muestra el embrutecimiento humano en soledad total, aparece también el ingeniero Cyrus Smith que, con solo cuatro compañeros, responde con éxito al mismo desafío.

Es obvio lo que quiere indicar Verne con estas dos reacciones opuestas: donde un solo hombre estaría abocado al salvajismo, un grupo pequeño podría evitar tan triste destino, especialmente si les ayuda un *deus ex machina*, papel desempeñado en *La isla misteriosa* por el capitán Nemo.

Un caso especial se refiere a los niños separados de los adultos y obligados a sobrevivir fuera de la sociedad humana, ya sea por sí mismos o ayudados por animales. Encontramos aquí también las dos situaciones de la soledad absoluta y del grupo pequeño. La primera es muy antigua. Se encuentra ya, por ejemplo, en la leyenda de la fundación de Roma, en la que dos gemelos, Rómulo y Remo, abandonados recién nacidos, son amamantados por una loba y alimentados por un pájaro carpintero, hasta que los adopta el pastor Faustulus. Rómulo y Remo alcanzan sin

---

[65] Jules Verne, *Les enfants du capitain Grant*, 1867-68, *L'île mystérieuse*, 1874.

dificultad la edad adulta y el primero de ellos se convierte en fundador de la ciudad que llegará a convertirse en imperio.

Dos casos muy parecidos vienen dados, en la literatura, por Mowgli[66], criado por una manada de lobos, un oso y una pantera, y por Tarzán de los Monos[67], que pierde a sus padres con apenas un año de edad y es adoptado por una banda de monos antropoides. Como Rómulo, Mowgli y Tarzán llegan a ser adultos inteligentes y acaban integrándose en la sociedad.

La realidad parece desmentir estas visiones optimistas. Los casos históricos de niños ferales, criados por animales salvajes, o los que se han visto desprovistos de estímulos intelectuales durante su etapa infantil, como quizá le ocurrió al misterioso Kaspar Hauser, indican que los seres humanos necesitan vivir los primeros años en ciertas condiciones mínimas, entre personas que les atiendan como es debido, y en caso contrario no llegan a alcanzar un desarrollo intelectual normal ni se adaptan con éxito a la vida en sociedad.

En cuanto a la situación de un grupo de niños aislados, podemos recurrir de nuevo a la literatura, que nos ofrece la versión optimista de Verne en *Dos años de vacaciones*[68], frente a la pesimista de William Golding en *El Señor de las Moscas*[69], su obra más conocida, que le ganó el Premio Nobel. Hoy se tiende a pensar que la segunda es más realista que la primera, como parece confirmar el testimonio de algún caso concreto, aunque siempre queda cierta duda, pues no es posible realizar experimentos sobre estas cuestiones, por razones éticas obvias.

---

[66] Rudyard Kipling, *The jungle book*, 1894-1895.
[67] Edgar Rice Burroughs, *Tarzan of the apes*, 1914.
[68] Jules Verne, *Deux ans de vacances*, 1888.
[69] William Golding, *Lord of the flies*, 1954.

Cada uno de nosotros puede realizar el ejercicio de imaginar cómo se las arreglaría para sobrevivir, si se encontrase solo, o como parte de un grupo pequeño, en una isla desierta. Creo que, si somos honrados con nosotros mismos, habrá que reconocer que lo tendríamos muy crudo. Yo llegaría hasta el punto de afirmar que, hoy día, casi se puede decir que las interrelaciones entre los distintos grupos humanos son tan grandes, que el número mínimo de individuos capaz de mantener la estructura actual de la sociedad coincide prácticamente con la población del planeta entero.

* * *

En resumen: del estudio de la historia de la humanidad se deduce que la sociedad humana ha ido imponiendo a sus miembros, cada vez en mayor grado, la diferenciación (cultural) y la dependencia que siempre acompañan al ascenso de nivel en la escala de la evolución de la vida en la Tierra. ¿Ocurre lo mismo con la tercera característica, la solidaridad?

Desgraciadamente, la respuesta no puede ser afirmativa, sin restricciones. Las células elementales de la sociedad, los seres humanos individuales, actúan libremente (dentro de ciertos límites) y son capaces de oponerse al bien del conjunto para buscar su propio beneficio egoísta, cosa que les está vedada a los insectos sociales y a los pólipos, por ejemplo. Es precisamente por este motivo por lo que todas las sociedades humanas disponen de complicados sistemas judiciales que tratan de asegurar que el ejercicio incontrolado de la libertad individual no ponga en peligro la subsistencia del conjunto social. Ésta es la causa, también, de que todas las sociedades actuales sean injustas en mayor o menor grado, y favorezcan desmesuradamente a algunos de sus miembros en detrimento de los demás.

Debido a la falta de este requisito fundamental, que impide que el conjunto social pueda ser considerado como un superorganismo dotado de individualidad propia, es preciso responder negativamente a la cuestión de si la sociedad humana, tal como hoy la conocemos, pertenece al quinto nivel de la vida. En trabajos desarrollados durante los años noventa del siglo pasado, Heylighen y Campbell[70] mantienen un punto de vista pesimista respecto a la posibilidad de que lleguemos a dar el salto hasta el quinto nivel o, como ellos lo llaman, realicemos una *transición de metasistema*.

Según estos autores, cuando se produce un cambio de nivel, la evolución en el nivel inferior y en el superior se dirigen en direcciones contradictorias. En efecto: para cada individuo del nivel inferior, considerado aisladamente, la selección natural debería favorecer un comportamiento egoísta, puesto que su objetivo personal es la propagación de sus genes a las generaciones sucesivas, lo que entra en conflicto con la consecución del mismo objetivo por individuos diferentes. Sin embargo, considerado como miembro del nivel superior, este mismo individuo debería comportarse de forma altruista, renunciando a su propio beneficio en favor del ente de orden superior del que ha pasado a formar parte. Como veremos con más detalle en el capítulo 11, algunos investigadores piensan que la única solución posible al dilema sería el abandono de la capacidad de reproducción por todos los individuos de orden inferior, excepto uno solo o unos pocos, con lo que la selección natural dejaría de actuar en dicho nivel y podría favorecer la conducta altruista, óptima para el nivel superior, sin las trabas indicadas. Sin embargo, tanto en la especie humana como en todas

---

[70] Francis Heylighen y Donald T. Campbell, *Selection of organization at the social level: obstacles and facilitators of metasystem transitions*. En *World futures: the Journal of General Evolution*, 45, p. 181-212, 1995.

las formas sociales de los vertebrados, no se ha producido dicha renuncia a la reproducción por la mayor parte de los individuos del orden inferior.

¿Se sigue de aquí que nuestro acceso al quinto nivel es imposible? No necesariamente. A pesar de estas consideraciones, parece evidente que la evolución humana se encuentra ya muy avanzada en el camino que conduce hacia el quinto nivel. ¿Podrá llegar hasta el final? ¿Echará la evolución mano de otros métodos para asegurarlo? ¿Es siquiera deseable? ¿A qué tendremos que renunciar para conseguirlo? ¿Podemos prever qué características tendrá un ser del quinto nivel, o cuáles no estarán presentes, cuando la evolución alcance al fin ese objetivo? A dar respuesta a estas preguntas se dedicarán los restantes capítulos de este libro.

8. El quinto nivel en la literatura

En los primeros capítulos de este libro hemos resumido nuestros conocimientos actuales sobre los pasos sucesivos por los que ha ido atravesando la evolución del universo. Partiendo desde su origen, revisamos la aparición de la vida en el tercer planeta del sistema solar y seguimos su evolución durante más de tres mil millones de años, hasta nuestros días, en que su campo de acción ha dejado de ser predominantemente biológico para convertirse en cultural.

En este capítulo vamos a abandonar el campo de la ciencia (volveremos a él más adelante), para entrar en el de las especulaciones más o menos plausibles. La predicción del futuro es siempre un intento arriesgado, porque la realidad puede demostrar, de forma espectacular, que nos hemos equivocado, como indican una vez y otra las encuestas electorales. Sin embargo, hoy está de moda hacer predicciones. Por otra parte, el riesgo es menor cuanto más lejano sea el futuro que se predice: hay cierta probabilidad de que, para entonces, nuestras predicciones equivocadas se hayan olvidado o sean tratadas con indulgencia, precisamente por ser tan lejanas, mientras que las que se confirmen resultan tanto más impresionantes cuanto más separado esté el tiempo de su realización. Por eso las anticipaciones científicas y sociales de Jules Verne resultan tan sorprendentes[71].

---

[71] Jules Verne, *Paris au XXe siècle*, publicada en 1994, escrita hacia 1863.

Hay que reconocer, por otra parte, que la mayor parte de los conocimientos que el hombre ha llegado a atesorar no tienen otro fin que darle la posibilidad de prever los cambios de las condiciones ambientales y las consecuencias de los actos humanos, es decir, predecir el futuro. Se ha dicho que *el hombre es el único animal capaz de predecir su propia muerte*, lo que establece precisamente la predicción del futuro como uno de los rasgos esenciales que nos diferencian de todos los demás seres vivos.

Si, como hemos visto en el capítulo anterior, la sociedad humana es un atisbo del quinto nivel de la vida, tal vez podamos arriesgarnos a afirmar, sin temor de equivocarnos demasiado, que en el futuro la evolución se acercará más aún a dicho nivel. ¿Cómo serán los seres vivos que pertenezcan a él, si es que tales seres son posibles y llegan a existir? Y si no somos capaces de definirlos con detalle, ¿podremos al menos saber cómo no es probable que sean?

Como hemos hecho más de una vez hasta aquí, vamos a empezar pidiendo ayuda a la literatura. Porque ocurre que la existencia del quinto nivel de la vida no es algo que se me haya ocurrido a mí, autor de este libro, sino que viene discutiéndose literariamente desde hace miles de años y constituye, en conjunto, un género propio, fácilmente reconocible.

A menudo, tanto en la literatura de ficción como en ensayos sociológicos más o menos futuristas, muchos autores han intentado describir sociedades perfectas en las que todos los seres humanos cooperan armoniosamente para la obtención del bien común. El género literario dedicado a la descripción de dichas sociedades recibe su nombre de una de sus muestras más célebres, *Utopía*[72], del escritor británico sir

---

[72] Del griego *u*, partícula negativa, *topos*, lugar. *Utopía* significa, por tanto, lo que no existe en ningún lugar.

Thomas More (1478-1535). Es evidente, después de lo dicho, que las utopías no son otra cosa que la visión que el autor correspondiente tenía del quinto nivel de la vida. Esa visión varía considerablemente de un autor a otro, pero a menudo se encuentran elementos comunes que podrían proporcionarnos ideas útiles para las cuestiones que estamos considerando.

Existe también otro grupo de obras literarias, más o menos contrarias a las utopías, que podemos llamar *distopías*[73], nombre que se aplica a aquellas obras que presentan sociedades exageradamente imperfectas, con la intención de fustigar los vicios reales de la sociedad en la que vive el autor, o para prevenir a los seres humanos de posibles tendencias indeseables en el camino de la evolución.

La primera utopía propiamente dicha que conocemos es *La República* de Platón (c. 427-c. 347 a.C.). En este diálogo, Platón pone en boca de Sócrates la famosa afirmación de que los gobernantes del estado perfecto deben ser filósofos. La sociedad en sí estaría dividida en clases: el pueblo, que ha de realizar los trabajos materialmente necesarios para su supervivencia; los soldados y militares, que la defienden contra ataques de sociedades extranjeras; finalmente, los dirigentes, a quienes Platón llama guardianes.

La república platónica se mantiene unida si cada clase social se comporta de acuerdo con la virtud que le corresponde: el pueblo debe practicar la templanza; los guerreros, la fortaleza; los guardianes, la prudencia. Todo el conjunto se armoniza a través de la colaboración de los ciudadanos en la realización de la virtud suprema: la justicia. Por otra

---

[73] Del griego *dys*, malo.

parte, los miembros de la república compartirían todos sus bienes entre sí (para Platón, el concepto de *bien* incluía a las mujeres y los niños).

La república perfecta se originaría de forma casi automática, de acuerdo con Platón, en cuanto un filósofo consiguiera el poder o un dirigente se hiciera filósofo. En sus propias palabras: *Siempre que un gobernante introdujera las leyes y las convenciones sociales [ideales], no sería demasiado esperar que sus súbditos consientan en someterse a ellas*. Una vez instituido este tipo de sociedad, se mantendrá indefinidamente, a lo largo de las generaciones, mediante un complicado sistema de educación de los súbditos (cada uno de acuerdo con su clase), combinado con una censura rígida y general que elimine de raíz todas las posibles desviaciones y ponga coto al *pensamiento peligroso*. El temperamento artístico, demasiado difícil de reducir a normas, es una de las actividades que la república platónica se vería obligada a prohibir para asegurar su estabilidad.

El gran filósofo griego no se contentó con trazar las líneas maestras de la sociedad perfecta: intentó llevarlas a la práctica. Viajó a Siracusa, al menos en dos ocasiones, y trató de educar al hijo del tirano Dionisio el Viejo (c. 430-367 a.C.) para convertirlo en un rey filósofo. La empresa fracasó. La leyenda afirma que Platón acabó vendido como esclavo, situación de la que le rescató uno de sus amigos, Aniceris de Cirene, pero esto no ha podido ser confirmado por la investigación histórica. En cuanto a su discípulo, Dionisio el Joven (396-c. 330 a.C.), no hizo mucho honor a sus enseñanzas, y su gobierno de Siracusa fue intermitente, pues le expulsaron en dos ocasiones sucesivas.

Es curioso que la república de Platón, gobernada por filósofos, fuese llevada a la práctica, algunos siglos después de su muerte, por la dinastía romana de los Antoninos. En particular, el emperador Marco

Aurelio (121-180) se educó en las enseñanzas del estoicismo[74] y se convirtió en uno de los principales representantes de esta escuela filosófica, fundada por Zenón de Citium (c. 336-264 a.C.) y Crisipo (280-207 a.C.), a la que también perteneció el hispano Lucio Anneo Séneca (c. 4-65).

Marco Aurelio trató de aplicar en sus tareas de gobierno las enseñanzas del estoicismo, que exhorta a los hombres a obrar siempre de acuerdo con los dictados de la razón y la indiferencia hacia las pasiones. Sus medidas fueron, en general, beneficiosas. Disminuyó los impuestos a los pobres, interpretó benignamente el Derecho romano y amplió las disposiciones de protección para los esclavos, huérfanos y otros desheredados de la fortuna. Por otra parte, persiguió a los cristianos, lo que algunos consideran una desviación respecto de su conducta habitual. Sin embargo, su actitud es coherente con las teorías de Platón sobre la república perfecta, puesto que, como señaló Toynbee (1889-1975) en su monumental *Estudio de la Historia*[75], no hizo otra cosa que aplicar la censura estatal al control del *pensamiento peligroso*.

Donde sí fracasó Marco Aurelio fue en la última y más trascendental decisión de su vida. Al contrario que sus predecesores en la dinastía, que hicieron caso omiso de los lazos de sangre y utilizaron la institución romana de la adopción de adultos para escoger como sucesor a la persona más apta para ocupar el cargo, Marco Aurelio cedió a la tentación de nombrar heredero a su propio hijo, Lucio Aelio Aurelio Cómodo (161-192), notoriamente inútil para el oficio real, pues prefería hacer de gladiador que de gobernante. Aborrecido por todos, fue estrangulado en el baño por el atleta Narciso. Con él terminó la dinastía

---

[74] Marco Aurelio, *Soliloquios*. He descrito su tiempo y alguna de sus ideas en mi novela histórica *El sello de Eolo*, Edebé, 2000.
[75] Arnold Joseph Toynbee, *A Study of History*, 1934-1954, en doce volúmenes.

de los reyes filósofos y Roma se hundió en una anarquía que duró casi un siglo.

El defecto fundamental de la república platónica es su inestabilidad. Se trata de un equilibrio precario que, en última instancia, sólo puede mantenerse por la fuerza, la censura y la eliminación de la iniciativa personal. En esta utopía, como en casi todas, el individuo debe someterse totalmente a la sociedad, cuyo fin último pasa a ser su propia supervivencia. Para asegurarla, llegará a despreciar, como secundario, el objetivo de obtener para sus miembros el mayor grado de felicidad posible, sin el cual es muy difícil que los seres humanos consientan en dar los pasos necesarios para la formación de dicha sociedad o, si ya se ha formado, para su mantenimiento.

* * *

Pasamos ahora al paradigma de las obras de este género, *Utopía*, escrita en latín por Thomas More (habitualmente transcrito en el ámbito de la lengua española como Tomás Moro), con ocasión de un viaje diplomático a Flandes que tuvo lugar en 1515. La obra se publicó al año siguiente y tiene la forma de un relato de viajes ficticio, en el que un marino, un portugués compañero de Américo Vespucio, describe los países que ha visitado, especialmente la sociedad perfecta de Utopía, supuestamente localizada en el nuevo mundo y en el hemisferio sur.

La perfección de la sociedad de Utopía se basa, según More, en la ausencia total de propiedad privada y en la inexistencia del dinero. Todos los bienes son propiedad de la comunidad, y los ciudadanos los comparten de acuerdo con sus necesidades. Las viviendas, por ejemplo, se adjudican por sorteo y se cambian cada diez años, y en cada una de ellas habita una familia compuesta por diez a dieciséis adultos y un número indeterminado de niños, bajo un régimen patriarcal. Los restantes bienes, alimentos, vestidos y herramientas de trabajo, pueden obtenerse en almacenes comunitarios con sólo pedirlos. Se da por supuesto que nadie tratará de atesorar más de lo que necesite.

El régimen de trabajo no es agotador: seis horas al día para todos los hombres y mujeres de Utopía. El resto del tiempo, son libres para dedicarse a actividades educativas o de sano esparcimiento, siempre vigilados por la persona responsable de su familia, para asegurar que nadie permanezca ocioso o pierda el tiempo en ocupaciones poco recomendables. Por otra parte, todos los ciudadanos están obligados a prestar un servicio social de dos años en la realización de tareas agrícolas, así como a efectuar entrenamientos militares durante los dos días de fiesta de que disfrutan todos los meses.

Aunque More niega la existencia de clases sociales en Utopía, las cosas no son tan sencillas: hay una masa de población ocupada en trabajos manuales (albañilería, carpintería, herrería, etc.), pero las labores más desagradables (limpieza, recogida de basuras, matanza de animales) quedan reservadas a esclavos, ciudadanos de Utopía que han cometido algún delito, o extranjeros contratados para este fin.

Por otra parte, existe en Utopía una tercera clase social *de facto*: la *inteligentsia*. En cada ciudad de seis mil familias, unas quinientas personas están excluidas de realizar trabajos manuales, porque su inteligencia excepcional les hace aptos para dedicarse a oficios eruditos. De este grupo salen los diplomáticos, sacerdotes y miembros del gobierno de la comunidad, elegidos por votación secreta de los ciudadanos, que tienen derecho a ciertos privilegios, como preferencias alimenticias; pero cualquiera que trate deliberadamente de encaramarse a un oficio público queda permanentemente incapacitado para alcanzar esta posición.

El control de las actividades de la población recae sobre doscientos *responsables de distrito*, cada uno de los cuales supervisa treinta familias. Su misión principal consiste en asegurarse de que todo el mundo trabaje las horas que le corresponden, cada uno en su oficio. La resolución de los litigios públicos y otras cuestiones del gobierno corresponden a un comité de veinte miembros (*controladores superiores de distrito*), presididos por el alcalde de la ciudad, que es elegido por la asamblea de los controladores de distrito. Este cargo es vitalicio, mientras que los restantes puestos administrativos se renuevan cada año, aunque en algunos casos es posible la reelección. Además, existe un parlamento general de todo el país, al que cada ciudad envía tres representantes, que se ocupa de cuestiones nacionales y de mantener el equilibrio de la población y los recursos de las cincuenta y cuatro ciudades de Utopía, ordenando trasvases entre ellas, si es necesario.

La estabilidad de la sociedad de Utopía queda asegurada por los siguientes elementos de control:

1. La creencia de sus ciudadanos en la inmortalidad del alma y en que seremos recompensados o castigados en el otro mundo, de acuerdo con nuestras obras. Este convencimiento les inclina a cumplir con su deber para con la sociedad, aun en los casos en que dicho deber es desagradable o peligroso, puesto que la estructura de la comunidad y sus leyes reciben sanción religiosa. En una oración, recitada mensualmente en público por todos los ciudadanos, se pide a Dios que *si nuestro sistema [social] es el mejor y nuestra religión la más verdadera, haz que me*

mantenga fiel a ambos y conduce al resto de la humanidad a adoptar el mismo modo de vida...

2. La educación. Todos los niños se crían en un ambiente que procura inculcarles, desde la más tierna infancia, los principios sobre los que se apoya la sociedad en que van a vivir. Los sacerdotes, en particular, son responsables de la educación de la infancia y *hacen lo posible para asegurar que... los niños... reciban las ideas mejor calculadas para preservar la estructura de su sociedad.*

3. La opinión pública y el control constante a que cada uno se ve sometido por parte de administradores, familiares y vecinos. *Todo el mundo te está observando, de modo que te ves prácticamente obligado a seguir con tu trabajo y hacer un uso adecuado de tu tiempo libre.* También se utiliza el arma del ridículo para disuadir a quien se comporta de forma poco ortodoxa.

4. Honores públicos diversos a personas que se han distinguido en el cumplimiento de su deber, o que han prestado servicios extraordinarios a la comunidad. *Por ejemplo, erigen [sus] estatuas en la plaza del mercado... para animar a futuras generaciones a realizar esfuerzos más grandes.*

5. Disuasión activa mediante el castigo inmediato del delito, incluso de aquél que no llegó a consumarse. *Tratar deliberadamente de cometer un delito es legalmente equivalente e haberlo cometido.* Las penas van, desde la esclavitud (para la mayor parte de las transgresiones graves) o el celibato obligatorio (para las relaciones sexuales prematrimoniales), hasta la pena de muerte (para los casos de reincidencia o rebeldía).

Al juzgar la *Utopía* de More, es preciso tener en cuenta la estructura de la sociedad británica de su tiempo, dominada por una clase dirigente egoísta, hereditaria y terrateniente, mientras que la mayor parte de la población se encontraba en una miseria casi absoluta, sin protección alguna en el caso de vejez, incapacidad física o desempleo. Al mismo tiempo, el sistema judicial castigaba con la pena de muerte casi cualquier delito, incluidos los más nimios, de modo que, por un lado, se convertía en mendigos a los trabajadores honrados que se quedaban sin trabajo, y por otro se les ajusticiaba si su desesperada situación les empujaba a robar para comer. Es contra este estado de cosas contra el que More reacciona en *Utopía*, presentando una situación social más justa, en comparación con la que le había tocado vivir.

De todas formas, More reconoce que los seres humanos son individualmente impredecibles, egoístas e inclinados al mal. Por ello se ve obligado a dotar a su sociedad de elementos incentivos y disuasorios, para asegurar que la mayor parte de los ciudadanos cumplirá generalmente con su deber, haciendo así posible la estabilidad de la sociedad. De ahí, también, la importancia que asigna a la educación y el papel fundamental que desempeñan el control y la vigilancia mutua entre los ciudadanos, una de las características de *Utopía* más desagradables para el hombre actual. A pesar de todo, More no cayó en la ingenuidad de suponer que dichas medidas serían suficientes para asegurar la sumisión de todos los individuos a las estructuras de la sociedad, y da por supuesta la presencia constante de elementos aberrantes, a los que se castiga con la esclavitud o la muerte, en caso necesario.

La sociedad de Utopía contiene en sí misma las semillas de la inestabilidad. En la práctica, una organización de este tipo no podría mantenerse en equilibrio durante los mil setecientos sesenta años que

More le atribuye. En primer lugar, es falso que la abolición del dinero y de la propiedad privada de todos los bienes haga imposible el ejercicio de la avaricia humana. Durante las primeras fases de la evolución de la humanidad, antes de la invención de la moneda, cuando todo el comercio se llevaba a cabo a través del trueque, se produjeron también acumulaciones de bienes o riquezas en unas pocas manos. En cuanto apareciera en Utopía algún producto escaso, se desarrollarían tensiones internas entre los ciudadanos, deseosos de apoderarse de él. Por otra parte, al dotar de privilegios a la clase dirigente, More hace posible la ambición. Aunque se afirma que basta la exhibición del deseo de ocupar uno de los puestos clave para descalificar al candidato, es obvio que un hombre hábil podría llegar hasta allí fingiendo que lo hace contra su voluntad, que se doblega a los deseos de sus conciudadanos. En casi dieciocho siglos, hay tiempo más que suficiente para que estas cosas hubieran ocurrido, no una, sino muchas veces. Una vez alcanzado un puesto importante (como el de alcalde vitalicio), el afán de poder podría llevar a un hombre decidido a imponer una dictadura, con lo que la estructura social de Utopía habría desaparecido para siempre.

* * *

La técnica de utilizar el relato de un viajero como marco para la descripción de una sociedad mejor o peor que la nuestra no carecía de precedentes cuando More hizo uso de ella, y ha sido aprovechada, después de *Utopía*, en incontables ocasiones. Pero, a medida que la exploración del planeta iba reduciendo la extensión de la *terra incognita*, los autores encontraron dificultades crecientes para la localización de sus utopías. En 1602, Tommaso Campanella (1568-1639) escribió su utopía, *La ciudad del Sol*[76], claramente influida por la de More, tanto en la forma

---

[76] *La città del sole.*

literaria empleada como en el tipo de sociedad que describe: la presenta también como relato de un marino, compañero en este caso de Colón, y la sitúa en *una gran llanura, justo por debajo del equinoccio*, no muy lejos de Taprobana (Ceilán).

Todavía en 1872, Samuel Butler (1835-1902) pudo situar la acción de su distopía *Erewhon*[77] en una colonia británica no identificada, que por su descripción recuerda a Nueva Zelanda. Las islas perdidas de los mares del sur[78,79,80] (el océano Pacífico) o los valles perdidos del Himalaya[81] fueron también convertidos en escenarios de obras de este género. Finalmente, los utopistas y distopistas modernos se vieron obligados a situar sus sociedades en el subsuelo[82], en otros astros[83], o en el futuro[84].

La utopía futurista más influyente de los últimos siglos fue desarrollada por el economista alemán Karl Marx (1818-1883), que interpreta la historia única y exclusivamente en función de causas y motivaciones económicas (materialismo histórico) y la reduce a la lucha por la supremacía entre las diferentes clases sociales. Esta lucha se

---

[77] Anagrama de *nowhere*, palabra inglesa que significa *en ningún sitio*, exactamente igual que *Utopía*.
[78] *New Atlantis* (Nueva Atlántida), de Francis Bacon (1561-1626), publicada póstumamente en 1627.
[79] *Gulliver's travels* (Los viajes de Gulliver), 1726, de Jonathan Swift (1667-1745).
[80] *Island* (Isla), 1962, de Aldous Huxley (1894-1963), también pertenece a esta categoría.
[81] *Lost Horizon* (Horizonte perdido), 1933, de James Hilton (1900-1954), describe el famoso valle utópico de Shangri-La.
[82] *The coming race* (La raza que nos suplantará), 1871, de Edward George Earle Bulwer-Lytton (1803-1873).
[83] *The First Men in the Moon* (Los primeros hombres en la luna), 1901, de Herbert George Wells.
[84] *The Time Machine*, 1895, de H.G. Wells.

plasma en una sucesión de movimientos revolucionarios violentos, que desalojan de su puesto a la clase superior y la sustituyen por un nuevo grupo social que, a su vez, no tarda en hacerse reaccionario y oprimir a las restantes clases. Según Marx, todas las sociedades pasaron por las mismas etapas: tribalismo, régimen esclavista, feudalismo, capitalismo y socialismo. El último desplazamiento en nuestra sociedad occidental habría tenido lugar hacia finales del siglo XVIII, en las primeras etapas de la revolución industrial (la Revolución Francesa y sus secuelas), cuando la clase dirigente aristocrática feudal fue reemplazada por la burguesía. Pero esta clase provocó la instauración de un sistema capitalista que se sostenía gracias a la existencia de un nuevo estrato social oprimido, el proletariado fabril, que vino a ocupar los puestos de trabajo creados por la revolución industrial.

La sociedad que así se forma es eminentemente injusta, pues los frutos del trabajo humano no revierten a su legítimo propietario, el trabajador, quien recibe un sueldo notoriamente inferior al valor de su esfuerzo, y que normalmente se cifra en el mínimo indispensable para sostener su vida y la de su familia. El resto del valor del trabajo, la plusvalía, queda como propiedad única y exclusiva del burgués (el dueño de la empresa) y se acumula en forma de capital[85].

Marx pasa entonces a predecir el desarrollo futuro de la sociedad humana, que considera evidente e inevitable, por necesidad histórica: la lucha de clases, que en los siglos XVIII y XIX enfrentó a la burguesía contra la nobleza terrateniente, se repetirá entre los nuevos estamentos de la burguesía capitalista, triunfante en el enfrentamiento anterior, y el proletariado fabril y rural[86]. La victoria del proletariado es segura, puesto

---

[85] *Das Kapital*, 1867-1894.
[86] *Manifiesto comunista*, 1848.

que están de su parte la ventaja numérica y la unidad (*¡Trabajadores de todos los países, uníos!*), por encima de las barreras de raza y nacionalidad (*los trabajadores no tienen país*).

Cuando la clase trabajadora alcance el triunfo inevitable, instaurará un régimen despótico (la dictadura del proletariado), que tomará las siguientes medidas para transformar la sociedad:

1. Abolición de la propiedad privada de la tierra, las fábricas y los medios de producción.
2. Abolición del derecho de herencia.
3. Centralización de los medios de comunicación, transporte, producción y crédito en manos del Estado.
4. Establecimiento de un sistema de educación gratuita para todos los niños, en escuelas públicas. Abolición del trabajo infantil. Combinación de la educación con la producción industrial.
5. Obligación de trabajar, igual para todos los miembros de la sociedad.
6. Redistribución de la población, eliminando la distinción entre medio urbano y medio rural. Combinación de la agricultura con la industria. Establecimiento de turnos agrícolas para todos los trabajadores.

A la larga, estas medidas destruirán las distinciones de clase y la estructura actual de la sociedad, que será reemplazada por una sociedad sin clases. Cuando esto ocurra, todas las instituciones que servían para asegurar el dominio de una clase sobre las demás (como el Estado y la religión) serán innecesarias. La dictadura del proletariado se disolverá por sí misma y se transformará en una asociación de seres humanos libres y felices. La utopía habrá quedado instaurada definitivamente.

La fuerza que mantendrá unida a la sociedad y que asegurará su estabilidad, es la educación, entendida como actividad total, *que se extiende sobre toda la vida activa*[87], en lugar de un período transitorio situado al comienzo de la vida de una persona. Será una educación que impulsará a cada individuo a participar en la tarea común, que le hará identificarse con el espíritu de la nueva época, seguir el camino de la evolución y *convertirse en una fuente creadora de futuro*.

¿Qué ocurre con el individuo que no comparte estos ideales, que se niega a integrarse en la nueva sociedad? El marxismo le considera como un ser anómalo, enfermo, a quien hay que tratar como a cualquier otro paciente mental (pues ninguna persona normal, sometida a una educación adecuada, puede dejar de identificarse con la utopía marxista), o bien de un reaccionario, que desea mantener los privilegios de unos seres humanos sobre otros, al que hay que anular y, si es preciso, eliminar en bien de la causa. Para ello (al menos en las primeras etapas de la dictadura del proletariado), es necesario someter a vigilancia constante a todos los miembros de la sociedad, para descubrir a los *desviacionistas* y controlarlos lo antes posible. De aquí los *comités de barrio*, los *comisarios políticos*, y otras instituciones semejantes. El parecido con la *Utopía* de More es asombroso, excepto por la ausencia teórica de una clase dirigente.

La mejor versión literaria de la utopía marxista[88] se la debemos al escritor británico William Morris (1834-1896). Presentada en forma de sueño, en que el autor se traslada al futuro (a principios del siglo XXI), realiza una descripción idílica de la sociedad sin clases, de acuerdo con las previsiones de Marx.

---

[87] Roger Garaudy, *L'alternative*, 1972.
[88] *News from Nowhere* (Noticias de Ningún Sitio), 1890.

Después de Marx, el pensamiento marxista ha tendido a teñirse de dogmatismo y a petrificarse. Es curioso que la crítica que Marx aplicó a ciertos sistemas, que él llamaba *socialismo y comunismo crítico-utópicos* pudiera luego aplicarse a sus seguidores con sus mismas palabras: *Aunque los originadores de estos sistemas eran, en muchos respectos, revolucionarios, sus discípulos... se aferran a las ideas originales de sus maestros, en oposición al desarrollo histórico progresivo del proletariado* (Manifiesto comunista).

El curso de la historia, en el siglo largo transcurrido desde la muerte de Marx, no ha confirmado sus predicciones. La Revolución Rusa, que muchos identificaron en su día con el comienzo de la dictadura del proletariado, fracasó después de setenta años, pero ya desde el principio se convirtió, al igual que todas las revoluciones anteriores, en la sustitución de la clase dominante antigua por otra nueva. Tampoco se consiguió la igualdad económica. *Ya en 1918, el gobierno soviético tuvo que introducir salarios diferentes en proporción de 175 a 100 como máximo y mínimo... Desde esa fecha, la desigualdad ha crecido sin tregua*[89].

Hay que reconocer que la evolución de la situación social en los países capitalistas se ha movido en la dirección prevista por Marx. El punto cuarto, indicado más arriba, es hoy, en su mayor parte, una realidad. Pero no ha sido la dictadura del proletariado la que lo ha impuesto, aunque la acción de los movimientos obreros, a través de los sindicatos, ha influido para elevar a la clase proletaria por encima del nivel mínimo indispensable para la vida en que, de acuerdo con Marx, el capitalismo insistía en mantenerla.

---

[89] Pitirim A. Sorokin, *Society, Culture and Personality*, 1962.

La sociedad humana, a lo largo de su historia, parece mostrar una tendencia continua e invencible a la formación de jerarquías. Como dice el sociólogo ruso-norteamericano Pitirim A. Sorokin (1889-1968): *La organización de un grupo (social) significa... la división... en clases... y el surgimiento de alguna forma de gobierno. Implica, a su vez, la diferenciación y estratificación intergrupales.* Da para ello cuatro razones:

a) La heterogeneidad de los individuos (no somos todos iguales, biológica y socialmente).
b) Las ventajas de la diferenciación.
c) La facilitación del orden social (sin jerarquía, se producen situaciones de lucha permanente, donde todos mandan y no obedece nadie).
d) El cambio incesante de las condiciones ambientales, que eleva espontáneamente a unos individuos en detrimento de otros. La sociedad perfecta sin clases de Karl Marx sería inestable e iría evolucionando espontáneamente hacia una situación jerarquizada, en la que la división en clases sociales se reproduciría.

La presencia de una organización jerárquica no es exclusiva de las sociedades humanas: la comparten todas las agrupaciones de vertebrados superiores (aves y mamíferos), lo que significa que el grupo jerarquizado ha sido seleccionado positivamente por la evolución. No parece que las condiciones hayan cambiado tanto, que el valor de este carácter frente a la selección natural se haya invertido.

También el materialismo dialéctico, base fundamental de la filosofía marxista, debe ser considerado con cautela. En los últimos doscientos años han proliferado las teorías que tratan de explicar el curso de la historia en función de una sola variable independiente. Para Marx, esa variable es la economía, pero para Sigmund Freud (1856-1939) es el impulso sexual y el temor a la muerte. Para otros autores es la tecnología o la religión[90]. Todos presentan argumentos y ejemplos muy convincentes, pero no se ve cómo puedan reconciliarse entre sí. La opinión actual de los sociólogos se inclina a considerar que todas estas teorías históricas monistas simplifican excesivamente el problema. Cada una puede ser cierta, a su manera, en determinadas circunstancias, pero la historia, en su conjunto, se comporta como una función de muchas variables.

* * *

Pasemos ahora a otra utopía, enormemente influyente durante el siglo XIX y el primer cuarto del XX, pero que ahora se encuentra en franco retroceso. Se trata del *cientifismo*, también llamado *doctrina del progreso indefinido* y *utopismo científico*. Ya hemos mencionado la *Nueva Atlántida* de Francis Bacon[91], la primera utopía que propuso que una sociedad ideal debería ser gobernada por científicos, un punto de vista semejante al de *La República* de Platón, pero adaptada a la forma de pensar del Renacimiento europeo, pues sustituye los filósofos por sus equivalentes modernos.

Desde el punto de vista teórico, la doctrina del progreso indefinido se remonta a pensadores del siglo XVIII, como Claude Henri, conde de Saint-Simon (1760-1825), que abogaba por una sociedad gobernada por los técnicos, o como Marie Jean Nicolas de Caritat, marqués de

---

[90] Max Weber (1864-1920), *Die protestantische Ethik und der Geist des Kapitalismus*, 1904-1905.
[91] Véase la nota 78 en este capítulo.

Condorcet (1743-1794), uno de los enciclopedistas, autor de *Esbozos de un retrato histórico del progreso del espíritu humano*[92].

El espaldarazo filosófico al cientifismo lo dio Isidore Marie Auguste François Xavier Comte (1798-1857), fundador del positivismo. De acuerdo con sus teorías, detalladas en su obra *Curso de filosofía positiva*[93], la evolución humana atravesó por tres etapas sucesivas: la teológica, dominada por la religión, que abarca desde el origen del hombre hasta los albores de la civilización griega; la metafísica, dominada por la filosofía, que se extiende hasta el siglo XVI; y la positiva, la era de la ciencia, en la que nos encontramos. Comte cree que el desarrollo científico culminará en la sistematización total de los conocimientos sobre el hombre y la sociedad, objeto de la nueva ciencia de la sociología (nombre acuñado por él), que acabará por absorber a todas las restantes disciplinas del conocimiento humano.

El evolucionismo biológico, formulado por Darwin, fue mal entendido por los partidarios de todas estas teorías, que lo acogieron como su confirmación oficial. Como resultado de este equívoco, surgió la doctrina del progreso indefinido, divulgada a principios del siglo XX por Herbert George Wells (1866-1946)[94]. El hombre, después de pasar por una etapa primitiva en la que se siente abrumado por el poder de la naturaleza, alcanza al fin un nivel de evolución en el que aprende a dominar su ambiente. La ciencia sustituye en el conocimiento humano a las oscuridades de las antiguas mitologías. En el futuro, el aumento de nuestros conocimientos y el subsiguiente dominio sobre la naturaleza no harán más que aumentar, haciéndonos más felices, más libres y más

---

[92] *Esquisse d'un tableau historique des progrès de l'esprit humain*, publicada en 1801.
[93] *Cours de Philosophie Positive*, 1830-1842.
[94] *Outline of History*, 1920.

poderosos. Dentro de muchísimos años (a la escala de la evolución biológica el tiempo no cuenta), nos habremos convertido en una raza de semidioses. El enemigo supremo, la muerte, habrá sido, quizá, vencido. *El hombre habrá ascendido a su trono*[95].

Que la ciencia es la panacea que, a la larga, resolverá todos los problemas, fue creencia común de gran parte de la humanidad, o al menos de las clases cultas y semicultas de Occidente, hasta bien avanzado el siglo XX. Hoy, sin embargo, la tendencia parece haberse invertido. Existe una desconfianza creciente de los seres humanos hacia la ciencia en abstracto y los científicos en concreto. La sugerencia de que los hombres de ciencia debieran gobernar la sociedad, que hace sesenta años parecía una consecuencia inevitable de la evolución humana, sería hoy rechazada violentamente por casi todos. ¿Qué ha sucedido?

El hombre moderno ha descubierto que los avances científicos son un arma de dos filos. La revolución industrial ha mejorado las condiciones de vida, pero también ha introducido un alto grado de contaminación, que pone en peligro la supervivencia de la vida en nuestro planeta. Los avances de la medicina han conseguido controlar muchas de las terribles plagas del pasado, pero también han provocado la explosión de la población. La química nos proporciona medicamentos, plásticos y muchos productos útiles, pero también el gas mostaza y otras armas terribles. El dominio de la desintegración del átomo es una importante fuente de energía, pero introduce las bombas nucleares y el problema de los desechos radiactivos. La biotecnología nos permitirá corregir las enfermedades genéticas, pero también se presta a una manipulación del hombre por el hombre que deja pequeño al mayor

---

[95] Clive Staples Lewis, *Is Theology Poetry?*, 1944. En este artículo, Lewis describe el cientifismo, pero no lo comparte.

dictador de la historia. ¿Dónde está la utopía, la felicidad gracias a la ciencia?

El hombre del siglo XXI comprende, esperemos que no demasiado tarde, que la ciencia no es la panacea que asegura nuestra salvación. De nuevo se ve obligado a reconocer que las cosas materiales y el conocimiento no son buenos ni malos en sí, que todo depende del uso que se haga de ellos. Que, en definitiva, el hombre es el único responsable de que la utopía científica se haya cortado en flor.

Por otra parte, la doctrina del progreso indefinido ha recibido un fuerte golpe como consecuencia de los últimos avances de la filosofía de la historia. Los cuatro grandes del siglo XX en esta disciplina, Oswald Spengler (1880-1936) en *La decadencia de Occidente*[96], Arnold Joseph Toynbee, en *Estudio de la historia*[97], Alfred Louis Kroeber (1876-1960), autor de *Configuraciones del crecimiento de las culturas*[98], y Pitirim A. Sorokin, en su *Dinámica social y cultural*[99], coinciden en su interpretación de la historia, no como un movimiento ascendente más o menos continuo, sino como una sucesión de ascensos (civilizaciones) y retrocesos (colapsos). Esto no significa que el curso de la historia se reduzca a una superposición de ciclos repetitivos siempre iguales, donde nada evoluciona. Utilizando el símil de Toynbee, podemos compararla más bien con un vehículo cuyas ruedas, al girar, lo hacen avanzar: *Esta armonía de dos movimientos diferentes — uno mayor, irreversible, llevado en alas de otro menor, que se repite — es, quizá, la esencia de lo que entendemos por ritmo.*

---

[96] *Der Untergang des Abendlandes*, 1923.
[97] Véase la nota 75 en este capítulo.
[98] *Configurations of Culture Growth*, 1944.
[99] *Social and Cultural Dynamics*, 1937-1941, en cuatro volúmenes.

Es decir, no hay progreso indefinido. No tenemos la seguridad de que, dentro de doscientos años, el nivel de la ciencia moderna habrá sido superado, tal vez ni siquiera se haya mantenido. Nuestra cultura ha podido estancarse o desaparecer. Pero si alguna vez surge una nueva civilización de las cenizas de la nuestra, posiblemente ascenderá más, en alguna de sus realizaciones (no necesariamente las científicas), que la cultura occidental, como esta última superó a la griega.

* * *

Coincidiendo con el retroceso de la utopía científica, y por razones muy semejantes, ha entrado en auge otra utopía de carácter casi opuesto, cuyo origen se remonta también al siglo XVIII. Jean Jacques Rousseau (1712-1778), en sus obras *El contrato social*[100] y *Discurso sobre el origen y fundamentos de la desigualdad de los hombres*[101], formuló una teoría, según la cual, el hombre es bueno y libre por naturaleza, pero la sociedad, opuesta al *estado natural*, le hace malo y le encadena. La sociedad perfecta será la que vuelva a la situación original, regrese a la naturaleza y devuelva al hombre su libertad y bondad innata. Es decir: el estado perfecto es el del salvaje. Así pues, la utopía de Rousseau mira hacia el pasado en lugar de buscar la salvación en el futuro, como las teorías que hemos revisado hasta ahora.

Las utopías retrógradas (en el sentido etimológico del término) se han plasmado, desde finales del siglo XX, en los movimientos *ecologistas* radicales, que tratan de invertir la dirección de la evolución humana y regresar a un pasado ilusorio, que en realidad no existió nunca y que se ha idealizado a través de un conocimiento fragmentario de la

---

[100] *Du Contrat Social*, 1762.
[101] *Discours sur l'origine et les fondements de l'inégalité parmi les hommes*, 1755.

historia y de la situación humana actual. Estos *ecologistas* creen que la salvación de la humanidad está en el abandono de los logros de la técnica, de la que sólo perciben sus efectos negativos: el deterioro del medio ambiente, los peligros de la energía nuclear... Se entonan alabanzas a la *vida en comunión con la naturaleza* y se defiende el regreso a un *estilo más primitivo de vida*[102].

Las utopías retrógradas, con su deseo de volver a una situación que nunca existió, son irrealizables. Seguir ese camino supondría para la humanidad una catástrofe mucho peor y más segura que ninguna de las que los agoreros nos anuncian. Los peligros de la técnica existen, pero sólo la propia técnica nos da esperanzas de escapar de sus efectos.

* * *

La importancia de la educación como factor generador de sociedades perfectas es consecuencia evidente del análisis anterior. Tanto en la Utopía de More, como en la de Platón, como en la marxista, la estabilidad de la sociedad se apoya en la educación de sus miembros en las normas fundamentales. Tampoco las utopías retrógradas descuidan este apartado: las ideas educativas de Rousseau quedaron expuestas en su libro *Emilio, o de la educación*[103], uno de los más influyentes que escribió.

¿Tenemos razones para suponer que esto es cierto? ¿Que la educación nos hará más felices, más buenos, más - por qué no decirlo - conformistas? Pues sólo una sociedad de conformistas podría ser absolutamente estable y exenta de movimientos internos que, por

---

[102] Véase *Un mundo que agoniza*, de Miguel Delibes, 1979.
[103] *Émile*, 1762.

definición, tenderían a empeorarla: recuérdese que estamos hablando de sociedades perfectas.

Aparte de la cuestión de si valdría la pena vivir en una sociedad de conformistas, las estadísticas no confirman la suposición de que la educación sea un factor determinante en el mantenimiento de la estabilidad social. *Tampoco la inducción histórica autoriza la opinión vastamente aceptada de que un aumento de la cultura elemental, descubrimientos científicos, invenciones tecnológicas o democracia, reduzcan los antagonismos sociales. Desde el siglo XVIII hasta el XX, las escuelas, descubrimientos científicos, invenciones, cultura de la población y democracia han aumentado conjuntamente; en el siglo XIX y el XX todas ellas aumentaron en proporciones enormes y, no obstante, las guerras, las revoluciones, los conflictos entre los grupos y los crímenes demuestran que los antagonismos han experimentado un crecimiento sin precedentes... La opinión popular según la cual estos factores fomentan... la solidaridad o el antagonismo no está apoyada por el conjunto de pruebas existentes*[104].

Pero, por otra parte, las sociedades de conformistas (y por tanto estables) son muy poco atractivas. Basta considerar, para comprobarlo, las dos grandes distopías del siglo XX, *Un mundo feliz*[105] y *Mil novecientos ochenta y cuatro*[106]. La sensación de opresión que se apodera del lector de estas dos novelas es casi insoportable. En ambos casos, los rarísimos inconformistas que puedan surgir son excluidos de la sociedad: en la primera, definitivamente: se les destierra a una isla; en la segunda, más sutil, la exclusión es sólo temporal: se somete al rebelde a un lavado

---

[104] Pitirim A. Sorokin, *Society, Culture and Personality*, III parte, capítulo VI.
[105] *Brave New World*, de Aldous Huxley (1894-1963), 1932.
[106] *Nineteen Eighty-Four*, de George Orwell, seudónimo de Eric Blair (1903-1950), 1949.

de cerebro, con el objetivo de destruir su espíritu y convertirlo en un desecho mental, materia prima sobre la que el planificador social pueda actuar, remodelar y educar hasta conseguir su *recuperación* y *readaptación* a la sociedad.

Las dos distopías son horribles, pero tienen un poder de convicción, una verosimilitud, muy superiores a los de sus contrarias, con la posible excepción de la utopía marxista, que fue capaz de arrastrar a los hombres y de despertar sentimientos violentos, a favor o en contra. Cualquier sociedad que desee perpetuarse indefinidamente a toda costa tendrá que recurrir a métodos de control inhumanos y deshumanizantes, pues al estar compuesta de hombres libres, egoístas, inclinados al mal, tiene que ser inestable por naturaleza, a menos que se fuerce a sus miembros a adoptar una actitud permanentemente conformista. Es lo que C.S.Lewis (1898-1963) denomina *la abolición del hombre*[107].

* * *

Resumiendo: el quinto nivel, la sociedad perfecta, aunque aún no haya llegado a existir, atrae nuestra imaginación desde hace milenios. No hay unanimidad entre los distintos autores sobre cuáles podrán ser sus características, aunque las diversas versiones de la utopía pueden agruparse en unas pocas familias:

- Las que podríamos llamar *racionalistas*, que describen una sociedad gobernada por la razón (por filósofos, científicos o tecnólogos). En este grupo podemos clasificar *La República* de Platón, la *Nueva Atlántida* de Francis Bacon, y la doctrina del progreso indefinido en cualquiera de sus formas y variedades.

---

[107] *The Abolition of Man*, 1947.

- Las *comunistas*, que consideran que la propiedad privada es la única causa de todos los males de la sociedad actual, y por tanto creen, en cierta medida, que su abolición sería suficiente para instaurar una sociedad perfecta. Aquí podemos agrupar *Utopía* de Thomas More, *La ciudad del Sol* de Campanella, así como el marxismo.
- Las *retrógradas*, que quieren volver a un pasado idealizado que sólo existe en la imaginación de sus proponentes, como las teorías de Rousseau y los movimientos ecologistas radicales.
- Finalmente, las *distopías*, que en realidad no tratan de describir el quinto nivel, sino de indicarnos qué caminos nos van a apartar de él, poniendo énfasis en las características negativas de nuestra sociedad actual y en sus posibles extrapolaciones futuras.

Algunas de estas teorías utópicas han sido llevadas a la práctica, con resultados bastante negativos en todos los casos. Un análisis sociológico serio, como el realizado por Sorokin, extrae conclusiones más bien pesimistas. Alguna de las distopías, especialmente *Un mundo feliz* de Huxley, resulta ser mucho más verosímil que cualquiera de las utopías, y amenaza convertirse en realidad en un futuro ya no demasiado lejano. La educación, que todas las teorías utópicas convierten en uno de los pilares de la sociedad perfecta, deja mucho que desear en la realidad, y no parece capaz de garantizar la estabilidad futura del quinto nivel. Si realmente consideramos la sociedad perfecta como un objetivo deseable, es preciso buscar otras soluciones y otros medios que aseguren su estabilidad.

9. El punto Omega

Es agosto de 1913. En una cantera situada en el término municipal de la pequeña localidad de Piltdown, en Sussex, Inglaterra, un joven sacerdote jesuita contempla las excavaciones. De pronto, se inclina, recoge un objeto y se lo enseña a su compañero. Es un hueso pequeño, una pieza dentaria: un canino humano.

El sacerdote se llama Pierre Teilhard de Chardin. Tiene treinta y dos años; hace dos que se ordenó. Nacido en Sarcenat (Francia) el 1 de mayo de 1881, es el cuarto de los once hijos de un terrateniente aficionado a la geología, interés que legó a su hijo. A los diez años de edad, Pierre ingresó interno en el colegio de los jesuitas de Mongré, y a los dieciocho pasó al seminario de Aix-en-Provence. Amplió estudios de Filosofía en la isla de Jersey, en el canal de la Mancha, especializándose en Paleontología. A los veinticuatro años fue enviado como profesor de Física y Química al colegio jesuita de El Cairo, donde permaneció tres años. A su vuelta a Europa, terminó su preparación para el sacerdocio, recibió las órdenes sagradas y comenzó sus actividades científicas e investigadoras en el campo de su especialidad. El hallazgo del canino es su primer descubrimiento serio.

Su compañero se llama Charles Dawson, de profesión abogado, pero aficionado a la geología y la arqueología, por lo que desempeña el puesto de secretario de la Sociedad Arqueológica de Sussex. En los últimos meses se ha hecho muy famoso en los entornos científicos del Reino Unido, en relación con uno de los hallazgos paleontológicos más sensacionales de los últimos tiempos: el hombre de Piltdown.

La famosa frase atribuida a Darwin, *el hombre desciende del mono*, él nunca la pronunció ni la escribió. De hecho, esta frase es falsa, si se interpreta, como sucede a menudo, en el sentido de que alguna de las especies actuales de monos haya sido antepasada del hombre. Puede considerarse cierta, en cambio, con el sentido de que el hombre desciende por evolución de otras especies de seres vivos, algunas de las cuales fueron también antepasadas de los monos antropoides de nuestros días. Estas especies, que se podrían llamar *intermedias* entre el hombre y el mono, recibieron por ello el nombre de *eslabones perdidos*, puesto que, en los tiempos inmediatamente posteriores a la publicación de *El origen de las especies*, no se había descubierto rastro alguno de su existencia.

Es curioso que, en 1859, cuando se publicó la obra magna de Darwin, hacía ya tres años que se habían hallado los primeros restos del *hombre de Neandertal*[108]. Pero aún no se sabía como interpretarlos, y el hecho de que su capacidad craneana resultara ser, en media, mayor que la nuestra, arrojaba dudas sobre su posible papel como intermedio entre el hombre y el mono.

En 1891, el holandés Marie Eugène François Thomas Dubois (1858-1940) descubrió en la isla de Java fragmentos de una mandíbula y un cráneo, así como un fémur, que parecían pertenecer a un tipo de

---

[108] Neanderthal, que en alemán significa *el valle del río Neander*, se encuentra cerca de Dusseldorf.

hombre mucho más primitivo que el de Neandertal. El nombre que le asignó, *Pithecanthropus erectus*[109], indica que su descubridor estaba convencido de haber hallado el famoso eslabón perdido, aunque después parece haberse retractado. De hecho, para escapar de la controversia que provocó su descubrimiento, se negó durante años a permitir que nadie examinara los huesos del Pitecántropo.

El siguiente hallazgo tuvo lugar en 1907, en la cantera de arena de Mauer, cerca de Heidelberg. Se trataba de una mandíbula de aspecto humano muy primitivo y recibió provisionalmente el nombre científico de *Homo heidelbergensis*. El descubrimiento de Piltdown fue inmediatamente posterior a éste.

Hacia 1908, un obrero de la cantera de Piltdown entregó a Dawson un fragmento de parietal humano de aspecto antiguo. Tres años después, en el mismo lugar, Dawson encontró un pedazo de hueso frontal. El arqueólogo aficionado buscó entonces la ayuda de un profesional, encontrándola en Arthur Smith Woodward, responsable de Geología en el Museo Británico. Los dos dedicaron el verano de 1912 a explorar la cantera de Piltdown, donde encontraron algunos restos más, entre ellos una mandíbula. Los huesos del cráneo parecían modernos, pero la mandíbula tenía un aspecto simiesco. Dawson y Woodward decidieron que todas las piezas pertenecían al mismo esqueleto, y en diciembre de 1912 publicaron el descubrimiento, presentándolo como un eslabón perdido entre el hombre y el mono. Muchos paleontólogos británicos aceptaron esta interpretación sin ponerla en duda. Quizá realzaba su orgullo patrio, colocando a la Gran Bretaña al nivel de otros países donde

---

[109] La traducción literal de estos dos términos, uno griego y el otro latino, es *hombre-mono que camina erguido*.

se habían hecho hallazgos parecidos. De hecho, Woodward publicó un libro sobre el hombre de Piltdown con el significativo título de *The earliest Englishman*[110], bautizándolo con el nombre científico de *Eoanthropus dawsoni*[111], en honor de su amigo.

Algunos especialistas tuvieron dudas respecto a la interpretación de Dawson y Woodward. En 1913, D. Waterston, profesor del King's College de Londres, formuló la hipótesis de que la mandíbula y el cráneo podían pertenecer a dos individuos diferentes: el primero simiesco, el segundo humano. Sin embargo, en 1915 Dawson hizo un nuevo descubrimiento a tres kilómetros de la cantera de Piltdown, pero dentro del mismo término municipal. Se trataba de dos fragmentos de cráneo y una muela: los primeros de aspecto humano, el segundo simiesco. La coincidencia parecía excesiva y casi todos los investigadores aceptaron la interpretación oficial. A partir de la muerte de Dawson, que tuvo lugar en 1916, no se encontró nada nuevo en Piltdown.

La primera sugerencia de que el hombre de Piltdown fuese un fraude científico deliberado la propuso Gerrit Miller Jr., del Smithsonian Museum, en 1930. Pero no fue hasta 1953 cuando Joseph Weiner y Wilfrid Edward Le Gros Clark realizaron un estudio completo de los restos, utilizando métodos como el análisis de la cantidad de flúor y nitrógeno en los huesos, de los que puede deducirse su antigüedad relativa. Con esto se demostró, sin margen para la duda, que el conjunto de fragmentos óseos de Piltdown había sido plantado allí deliberadamente por alguien, con la intención de engañar a la comunidad científica y hacer creer que se había encontrado un eslabón perdido entre

---

[110] El inglés más antiguo.
[111] De *eos*, aurora. *Eoanthropus* significa: *el hombre de la aurora*, es decir, el hombre del principio de los tiempos.

el hombre y el mono. De hecho, los huesos del cráneo resultaron pertenecer al hombre moderno, mientras la mandíbula correspondía a un orangután. Todos habían sido tratados con pinturas y otros procedimientos, para aumentar su aspecto de antigüedad. Otros fósiles, de hipopótamo y elefante, que aparecieron esparcidos por los alrededores, procedían de diversos países y de distintas épocas. Alguno de ellos, al parecer, había sido robado del propio Museo Británico.

Desde 1953 hasta nuestros días, no se ha podido descubrir al autor del fraude. Dawson es uno de los principales sospechosos, naturalmente, pero muchos piensan que no tenía la preparación necesaria para organizar un fraude tan complejo, y que quizá se dejara engañar por algún profesional que deseaba dar más fuerza a sus teorías sobre el origen del hombre. Diversos investigadores han propuesto hipótesis más o menos plausibles sobre la identidad del defraudador, que se ha llevado su secreto a la tumba. Una de esas hipótesis echa la culpa, precisamente, a Pierre Teilhard de Chardin, aunque hay otras, más razonables, que apuntan a personalidades del mundo paleontológico mucho más conocidas en aquel momento.

* * *

Pero volvamos a Teilhard de Chardin, que al estallar la Primera Guerra Mundial se presentó voluntario para actuar como camillero en el cuerpo médico del ejército francés, aunque su carácter de sacerdote le permitía desempeñar el papel de capellán, menos expuesto. Su actuación, retirando heridos durante las terribles batallas de esa guerra, le ganó la Medalla Militar por actos de valor, así como la Legión de Honor. Acabado el conflicto, Teilhard se doctoró en la Sorbona y fue profesor de Geología en el Instituto Católico de París. En 1923 marchó a China para participar en una expedición paleontológica. A su regreso a Francia en 1926, se le apartó de la docencia por razones teológicas y tuvo que regresar a China, donde permaneció casi veinte años. Allí participó en el segundo descubrimiento de su carrera, mucho más importante que el primero y exento de connotaciones fraudulentas: el hombre de Pekín.

El jefe de la expedición era el antropólogo canadiense Davidson Black, que en 1927 descubrió una muela humana en la cueva de Chu-k'u-tien, localidad situada a unos 50 kilómetros al sureste de Pekín. Del estudio de la muela, Davidson llegó a la conclusión de que se trataba de una especie nueva, posible antepasada del hombre moderno, a la que dio el nombre de *Sinanthropus pekinensis*[112]. Excavaciones posteriores condujeron al descubrimiento de cráneos, mandíbulas y otros huesos de más de cuarenta individuos, así como restos de fogatas, lo que indicaba que el hombre de Pekín conocía el fuego y sabía utilizarlo. En 1932, Black propuso que el hombre de Pekín habría estado emparentado con *Pithecanthropus erectus*, una teoría que más tarde se confirmó, aunque *Sinanthropus* resultó ser más reciente que *Pithecanthropus*. Ambas formas se clasifican hoy en la especie *Homo erectus*.

Teilhard publicó en la *Revue des Questions Scientifiques* varios artículos respecto a sus actividades en el descubrimiento del *Sinanthropus*. Estos artículos están hoy recopilados en el volumen *La aparición del hombre*[113], que contiene sus publicaciones científicas relacionadas con este tema entre los años 1913 y 1954.

Cuando comenzó la Segunda Guerra Mundial, Teilhard se encontraba en China, donde había sido nombrado asesor del Servicio de

---

[112] Que significa *el hombre chino de Pekín*.
[113] *L'apparition de l'homme*, 1956.

Levantamiento Geológico, puesto en el que permaneció hasta la finalización del conflicto. La guerra tuvo consecuencias funestas para la paleontología humana, pues los restos del hombre de Pekín se perdieron cuando se hundió en el Yangtsé el barco que los transportaba hacia los Estados Unidos, para ponerlos a cubierto del peligro de la invasión japonesa. Afortunadamente, excavaciones posteriores realizadas en 1958 en Chu-k'u-tien permitieron encontrar nuevos restos.

A su regreso a Francia en 1946, Teilhard intentó ocupar una posición docente en el Collège de France, pero desistió de ello ante la oposición de sus superiores de la Compañía de Jesús, por los mismos motivos por los que ya había sido apartado de la docencia en 1926, sobre los que volveremos más adelante. En 1951 se trasladó a Nueva York para trabajar en la *Wenner-Gren Foundation*[114], con la que mantenía buenas relaciones, pues esta fundación había patrocinado sus dos expediciones paleontológicas a África del Sur, donde la búsqueda de antepasados humanos había dado lugar a hallazgos importantes, paralelos a los del hombre de Pekín, de los que hablaremos a continuación.

Pierre Teilhard de Chardin murió en Nueva York, de un ataque cardiaco, el 11 de abril de 1955.

* * *

Volvamos un momento a los descubrimientos de África del Sur: en 1924, el antropólogo sudafricano de origen australiano Raymond Arthur Dart descubrió en Taung, África del Sur, fragmentos del cráneo de un individuo inmaduro perteneciente a una especie desconocida, un nuevo eslabón intermedio entre los primates no humanos y el hombre, al que

---

[114] Entonces se llamaba *Viking Foundation*.

bautizó con el nombre de *Australopithecus africanus*[115]. La propuesta generó mucha polémica, pero en años posteriores nuevas excavaciones la confirmaron. Hoy, de todos los antepasados del hombre, éste es el único que conserva su nombre científico original, pues los demás fueron bautizados de nuevo cuando se reorganizó la clasificación de los Homínidos.

Teilhard de Chardin participó, por tanto, en tres ocasiones distintas, en una de las aventuras científicas más interesantes del siglo XX: los descubrimientos del hombre de Piltdown (que resultó fraudulento), del hombre de Pekín, y del australopiteco. Es curioso que, a la postre, haya llegado a ser menos conocido por su actividad científica que por sus teorías filosóficas y teológicas. Él, por su parte, siempre las consideró, en algún modo, científicas.

La vida y la obra de Teilhard de Chardin, que se difundió ampliamente entre 1955 y 1973, resultó tan fascinadora que inspiró varios personajes de ficción. Se basan en él, por ejemplo, Jean Télémond, en la novela *Las sandalias del pescador*[116], y el padre Merrin, el exorcista[117].

A principios del siglo XX, la teoría de la evolución se había impuesto en los entornos científicos, pero seguía siendo objeto de resistencia por parte del pensamiento religioso, tanto católico como protestante, que veía amenazas en esta teoría para algunos conceptos considerados básicos, como el origen monogenético del hombre y la doctrina del pecado original. Poco antes de la muerte de Teilhard de

---

[115] Que significa *el mono austral africano*.
[116] Morris West, *The shoes of the fisherman*, 1963, llevada al cine en 1968.
[117] William Peter Blatty, *The exorcist*, 1972, también llevada al cine.

Chardin, en 1950, el papa Pío XII publicó una encíclica[118] en la que abordó la cuestión del evolucionismo, que declaró compatible con la doctrina de la Iglesia siempre que se cumplan determinadas condiciones, relacionadas con la creación directa por Dios del alma humana y con la cuestión del pecado original. Posteriormente, en la década de 1990, el papa Juan Pablo II admitió los fundamentos científicos de la teoría de la evolución, manteniendo los requisitos dogmáticos enunciados por su antecesor.

El Génesis, primer libro de la Biblia, contiene dos relatos independientes del origen del hombre. El primero (Gen. 1:26-30), más breve y filosófico, no detalla la forma de la creación ni hace distingos entre el hombre y la mujer. El segundo (Gen. 2:4-3:24) está escrito en estilo mitológico y sirve de base para la doctrina tradicional del pecado original, que puede resumirse así:

La primera pareja humana fue creada por Dios a partir de materia preexistente[119], dotada de propiedades *preternaturales*, como la inmortalidad, y colocada en un lugar privilegiado, el Edén o Paraíso Terrenal, donde podían vivir de su trabajo sin esfuerzo ni dolor. Lamentablemente, cuando fueron sometidos a una prueba, fracasaron, dejándose arrastrar por el pecado de soberbia (el deseo de ser como dioses).

El fracaso de la primera pareja humana introdujo en el mundo el mal físico (el dolor y la muerte) y el moral (el pecado y la inclinación al mal). Desde entonces, todos los seres humanos (con dos excepciones)

---

[118] *Humani Generis*, que significa *Del género humano*.
[119] Representada en Génesis por la *arcilla* o *barro de la tierra*, con que Dios moldea el cuerpo del primer hombre.

han sido concebidos en pecado original, un estado de rebelión innata contra Dios que nos incapacita para alcanzar la salvación. Para salvar a la humanidad caída, la segunda persona de la Trinidad divina se encarnó en la Tierra en Jesucristo, quien asumió sobre sí todos los pecados del mundo y pagó por ellos con su vida. A partir de entonces, sus méritos pueden alcanzar a todo ser humano a través del bautismo, que borra el pecado original y reconcilia al hombre con Dios.

Cristo aparece así como el antagonista de Adán, pues vino a reconstruir lo que éste había destruido: *...como por un hombre entró el pecado en este mundo, y por el pecado la muerte, y así la muerte pasó a todos los hombres... como por la transgresión de uno solo llegó la condenación a todos, así también por la justicia de uno solo llega a todos la justificación de la vida. Pues como, por la desobediencia de uno, muchos fueron pecadores, así también, por la obediencia de uno, muchos serán hechos justos*[120].

La teoría de la evolución choca con la doctrina tradicional del pecado original por dos motivos principales. El primero es el monogenismo: en la interpretación cristiana del origen del hombre, la primera pareja humana tuvo que ser única. Sólo de ese modo podía representar a toda la humanidad, para que su fracaso nos arrastrase a todos en su caída. De haber habido varios primeros padres (más de una pareja de la nueva especie humana), se habría planteado la posibilidad de que algunos cayesen en la tentación y otros no, lo que haría surgir problemas teológicos importantes. Ahora bien: la teoría de la evolución, en su forma neodarwinista prevalente hoy, sostiene que la selección natural actúa más bien sobre poblaciones que sobre individuos, que su

---

[120] Rom. 5,12-21.

acción es estadística, por lo que el monogenismo no se considera plausible.

El segundo problema se refiere a las consecuencias del pecado original. Para la ciencia actual, es evidente que el dolor y la muerte existían en la Tierra mucho antes de la aparición del hombre, pues son dos propiedades fundamentales de la vida y la base misma de la selección natural: la supervivencia de los genes más aptos supone el sufrimiento y la eliminación estadística de los individuos menos adaptados; la muerte es indispensable en todo sistema viviente en evolución, pues gracias a ella cada población va dejando sitio a otra ligeramente diferente, constituida por sus descendientes. Desde esta perspectiva, toda la historia de la vida en la Tierra carecería de sentido en ausencia de la muerte y del sufrimiento.

A veces se ha tratado de escapar de esta contradicción suponiendo que el hombre, en el momento de su aparición, fue dotado de privilegios respecto al resto de la creación. La primera pareja humana, por el hecho de serlo, habría estado exenta de la muerte física, del dolor, el cansancio, etcétera. Estos privilegios los perdió, para sí y para sus descendientes, al cometer el primer pecado. Con esta interpretación, la aparición del hombre habría sido una discontinuidad en la marcha de la evolución, mientras que el efecto del pecado habría consistido precisamente en la restauración de la continuidad perdida. La explicación es posible, pero tiene en contra el principio de la parsimonia (la *navaja de Occam*), esencial en el método científico. Si se elimina el punto de discontinuidad, la historia de la vida resulta coherente, mientras que, si se admite, pierde la unidad global que la caracteriza.

En la cosmología tradicional cristiana, se adornaba la figura del primer hombre con toda clase de cualidades. Se le suponía una elevada inteligencia, equiparable a la inmensa responsabilidad que se le asignaba: la representación de toda la humanidad futura, sus descendientes. La ciencia moderna imagina al primer hombre con cualidades muy diferentes: con una capacidad cerebral muy baja, quizá la mitad de la del hombre moderno, su inteligencia sería rudimentaria; quizá no conociese el lenguaje. ¿Cómo se puede cargar a un ser así con la responsabilidad de decidir, no ya su propio futuro, sino el de billones de seres a lo largo de millones de años?

Es preciso constatar que el origen de la especie humana a partir de especies simiescas antecedentes no presenta problemas para la interpretación cristiana del Génesis. Si se toma en sentido figurado la referencia a la arcilla como *materia preexistente*, no hay problema en suponer que dicha materia pueda haber sido el cuerpo de los animales de una especie prehumana.

Cualquier teoría que quiera considerarse de acuerdo con la doctrina católica sobre el pecado original, deberá cumplir, por tanto, las dos condiciones esenciales siguientes:

a) Que la creación original estaba exenta de culpa (en estado de gracia).
b) Que, como consecuencia de una desobediencia personal, la creación quedó manchada y perdió la impasibilidad original.

Hacia 1912, Pierre Teilhard de Chardin conocía ya la teoría de la evolución, a través de sus estudios científicos y de la lectura de Henri Bergson[121]. No tardó en darse cuenta de las dificultades que esta teoría científica presentaba para la teología tradicional, y trató de encontrar una solución racional que conciliase sus conocimientos científicos con sus creencias. Hacia 1920 había alcanzado sus conclusiones, que describió en dos notas inéditas[122], publicadas en la colección de artículos *Como yo creo*[123]. Estas notas, enviadas al prepósito general de los jesuitas en Roma, fueron la causa de que se le apartara de la docencia en el Instituto Católico de París.

La solución propuesta por Teilhard de Chardin al problema mencionado anteriormente era, en verdad, controvertida, pues no salvaba la esencia del dogma del pecado original e introducía problemas teológicos importantes. Según esa solución, el universo habría sido creado en estado de disgregación inicial y sujeto, ya desde el principio, a un proceso de evolución que se apoyaría (no podía ser de otra manera) en la acción del dolor y de la muerte. El pecado original no habría sido, en esta interpretación, una culpa personal de uno o más individuos, sino que consistiría, precisamente, en el estado de dispersión original del mundo.

Esta solución no era satisfactoria, pues no cumple ninguna de las dos condiciones esenciales antes mencionadas, para ser compatible con la doctrina católica. En la interpretación de Teilhard, el universo habría sido creado desde el principio en estado de culpa, que de ningún modo podría considerarse consecuencia de un pecado personal.

Parece que Teilhard no llegó a conocer la teoría cosmológica del *Big Bang*, propuesta por primera vez en 1927 por otro jesuita, el belga

---

[121] *L'evolution Creatrice*, 1907. Traducción española en Editorial Espasa Calpe, Madrid, 1973.
[122] *Caída, redención y geocentría*, 1920; *Nota sobre algunas representaciones históricas del pecado original*, 1922.
[123] *Comment je crois*, 1969.

Georges Édouard Lemaître (1894-1966). Cierto es que esta teoría no se impuso hasta después de la muerte de Teilhard. De haberla conocido, quizá se le habría ocurrido una solución alternativa al problema del pecado original: identificar al universo recién creado con el Adán bíblico, el primer Adán de San Pablo. En el momento de su creación, el universo comprimido pudo haber sido consciente y libre. Lleno de orgullo y de soberbia, quiso ser como Dios, y como consecuencia de su pecado, murió, se disgregó, entró en expansión indefinida y comenzó un lento proceso de evolución que llega hasta nuestros días y aún continúa.

Con esta interpretación, el dolor y la muerte son consecuencia directa y automática del pecado original para todos los seres vivos del universo, sea cual sea el planeta o la galaxia donde haya podido surgir la vida. No es necesario asignar al primer hombre sobre la Tierra papel alguno en el drama. Desaparece con ello el problema del monogenismo. Tampoco choca la inteligencia rudimentaria del primer hombre con la responsabilidad atribuida al primer Adán. La evolución aparece así como una *segunda oportunidad* concedida por Dios al universo para producir seres inteligentes.

Es posible que esta idea, que se me ocurrió hace casi treinta años, pueda considerarse *religión-ficción*, como me dijo en cierta ocasión un sacerdote. Sin embargo, cumple todas las condiciones esenciales de la doctrina católica, pues el universo habría sido creado en estado de gracia y la causa de la pérdida de la inocencia y la inmortalidad sería un pecado personal. De todos modos, mi postura al respecto es más ambigua: no puedo decir que crea que todo esto ocurrió realmente, pero el hecho de haber encontrado una explicación coherente y aceptable resuelve mis dudas racionales. Si hay una, puede haber otras, y entre ellas (me da igual cuál sea) estará la verdadera.

* * *

Voy a resumir la teoría cosmológica de Pierre Teilhard de Chardin, junto con las predicciones futuras a las que llegó, tal como las explicó con mucho mayor detalle en su obra fundamental, *El fenómeno humano*[124], y en forma más condensada en *El grupo zoológico humano*[125]. Ambos libros no pudieron publicarse en vida de Teilhard, que no recibió autorización de sus superiores, debido a los problemas teológicos mencionados, aunque dichos problemas no son tan patentes en estas dos obras. Aunque Teilhard aceptó las restricciones que le impusieron, pues su voto de obediencia le obligaba a ello, siempre tuvo la esperanza de que su obra se publicaría después de su muerte, como así ocurrió.

Todos sus manuscritos quedaron bajo el patrocinio de un comité internacional general y otro científico, este último formado por más de treinta miembros, entre los que figuraban nombres tan conocidos como Henri Breuil, Pierre Grassé, Julian Huxley, Ralph von Koenigswald, Wilfrid Le Gros Clark, Jean Piveteau, George Gaylord Simpson, Arnold J. Toynbee y Miguel Crusafont Pairó. A lo largo de diecisiete años, estos comités fueron publicando progresivamente su obra completa, hasta la última colección de artículos, que apareció en 1973.

En la visión de Teilhard, la consciencia es una propiedad fundamental del cosmos, íntimamente relacionada con la complejidad de sus componentes. En el principio del universo, la disgregación es total y

---

[124] *Le phénomène humain*, escrito en 1938, publicado en 1955.
[125] *Le groupe zoologique humain*, escrito en 1949, publicado en 1956.

el nivel de consciencia imperceptible. En un universo formado únicamente por una sopa de partículas elementales, o por átomos y moléculas sencillos, en ninguno de esos elementos puede apreciarse actividad consciente alguna. Teilhard, sin embargo, afirma que esa consciencia existe, aunque quede por debajo de nuestro umbral de percepción.

Tan pronto como la evolución del universo atraviesa el umbral de la aparición de la vida, la consciencia se hace más y más perceptible, en proporción a la complejidad de los seres vivos, que va creciendo con el tiempo. Aunque los seres unicelulares son demasiado simples para que pueda considerárseles conscientes en el sentido comúnmente atribuido al término, ya son capaces de responder a determinados estímulos con respuestas aparentemente motivadas, como ciertos tropismos. En las plantas, los invertebrados y los vertebrados inferiores, domina el comportamiento automático o meramente instintivo, pero en las aves y los mamíferos se observan indicios de sentimientos, de motivación consciente. Esta tendencia se ve con máxima claridad en los primates, especialmente en los antropoides.

Con la aparición del hombre, se atraviesa un umbral: el comportamiento consciente domina claramente al instintivo. La superficie de la Tierra, en la que antes del hombre sólo existía la película viva que la cubría (la biosfera[126]), pasa a estar ahora recubierta por una nueva capa, a la que Teilhard asigna el nombre de *noosfera*[127], acuñado por él, mientras que aplica el nombre de *noogénesis* a todo el gran

---

[126] Del griego *bios*, vida. Literalmente, *la esfera de la vida*.
[127] Del griego *noos*, inteligencia, mente, consciencia.

movimiento progresivo hacia la consciencia que él veía en la evolución del universo.

A lo largo de la evolución de la vida, podemos observar una tendencia irresistible hacia la divergencia. A través de la diversificación genética, las diversas especies de seres vivos se van alejando unas de otras, dando lugar a la formación de un árbol genealógico en el que las especies actuales se encuentran en los extremos de las ramas, mucho más separadas entre sí de lo que lo estaban sus antepasadas, hace, digamos, quinientos millones de años.

Tras la aparición del hombre, este proceso no se detiene. Aunque, en nosotros, la evolución invade un campo nuevo y pasa a ser evolución cultural, los mismos fenómenos de diversificación siguen provocando ramificaciones en el árbol, en el que las culturas y civilizaciones humanas pasan ahora a desempeñar el papel de las especies biológicas.

Sin embargo, en los últimos siglos, el hombre ha cubierto por completo la Tierra, invadiendo todos los continentes, incluso los menos aptos para la vida. Por otra parte, la reducción aparente de la superficie terrestre, consecuencia del aumento de nuestra velocidad de desplazamiento y de la mejora de los medios de comunicación, ha provocado la inversión de la tendencia disgregadora, que ha sido sustituida por el fenómeno opuesto: la convergencia progresiva de la biología y la cultura de la especie dominante sobre la Tierra[128].

Teilhard extrapola la convergencia hacia el futuro y llega a la conclusión de que, más pronto o más tarde, se alcanzará la unificación total de la especie humana en lo que él llama el *punto Omega*[129]. En

---

[128] En términos actuales, lo que llamamos *globalización*.

dicho punto, todos los seres conscientes del universo se unirán, como componentes de un cuerpo único, de la misma manera que las células del cuerpo humano se unen para formar un ser de orden superior. No es difícil percatarse de que, lo que Teilhard llama el *punto Omega*, coincide en muchos detalles con lo que en este libro he llamado *el quinto nivel*, aunque en su época la investigación biológica no estaba lo bastante avanzada como para que Teilhard llegara a darse cuenta de que el fenómeno del cambio de nivel ha ocurrido en la Tierra varias veces, más allá del único caso que entonces se conocía: la unión de muchas células para formar un organismo vivo de nivel superior.

Además de los dos libros mencionados, en los que explica con detalle su pensamiento desde el punto de vista filosófico y científico, el comité internacional publicó otros dos, igualmente inéditos, de un carácter muy diferente, pues pueden considerarse literatura mística. Se trata del *Himno del universo*[130], que recopila algunos trabajos cortos que escribió a lo largo de los años, y *El medio divino*[131], una obra completa en sí misma. Al lado de *El fenómeno humano*, que se mantiene, por consideraciones de método, en un plano estrictamente fenomenológico y científico, *El medio divino* proporciona datos imprescindibles para comprender el pensamiento completo de Teilhard, desde el punto de vista de su fe cristiana. Faltó, quizá, un tercer volumen que combinara ambas perspectivas en un edificio único.

---

[129] La letra Omega es la última del alfabeto griego. Al ponerle ese nombre, Teilhard quiere dar a entender que el punto Omega representa el final o la culminación del proceso evolutivo. Tiene también otro motivo para ponerle ese nombre, pero de eso hablaremos en el último capítulo.
[130] *Hymne de l'univers*, publicado en 1961.
[131] *Le milieu divin*, escrito en 1927, publicado en 1957.

Esta ausencia no puede paliarse más que en parte con la enorme profusión de artículos y notas que publicó en vida en revistas especializadas, o que permanecieron inéditos, y que el comité internacional recopiló en ocho colecciones agrupadas temáticamente; las dos citadas anteriormente (*La aparición del hombre* y *Como yo creo*), junto con otras seis: *La visión del pasado*[132]; *El porvenir del hombre*[133]; *La energía humana*[134]; *La activación de la energía*[135]; *Ciencia y Cristo*[136]; y *Las direcciones del porvenir*[137].

---

[132] *La vision du passé*, 1957.
[133] *L'avenir de l'homme*, 1959.
[134] *L'énergie humaine*, 1962.
[135] *L'activation de l'énergie*, 1963.
[136] *Science et Christ*, 1965.
[137] *Les directions de l'avenir*, 1973.

10. Internet como sistema nervioso

Los seres vivos de nivel superior al primero necesitan establecer algún procedimiento para que las unidades de orden inferior que viven en común dentro de ellos puedan comunicarse entre sí. Esto parece evidente, pero vamos a comprobarlo:

En el interior de una célula procariota (un organismo del segundo nivel) conviven numerosos ácidos nucleicos[138]: ADN, ARN mensajero, ARN de transferencia... También puede contener en su interior uno o varios plásmidos[139], con los que vive en simbiosis. Todas estas moléculas se coordinan entre sí por medio de un complejo sistema de enzimas y otras sustancias, que dirigen la activación de los genes y el desencadenamiento de la síntesis de las proteínas. Para transmitir sus comunicaciones internas, a la célula le basta utilizar el proceso químico de la difusión en el medio acuoso de su protoplasma. Hay que tener en cuenta que el diámetro de una célula procariota no suele rebasar mucho la milésima de milímetro (micrómetro). Las moléculas que se transmiten suelen medirse en nanómetros (millonésimas de milímetro), por lo que la diferencia de tamaño entre los objetos que se transmiten y la distancia a recorrer no suele ser muy grande.

---

[138] Véase el capítulo 3.
[139] Véase el capítulo 2.

Una célula eucariota (un organismo del tercer nivel) contiene en su interior varias células procariotas: mitocondrias y, a veces, cloroplastos. Durante la reproducción, que se lleva a cabo por el método de la mitosis[140], todos estos organismos se coordinan, de modo que al final del proceso las dos células hijas disponen de una dotación completa de orgánulos celulares. Aunque las células eucariotas suelen ser más grandes que las procariotas, siguen sin ser visibles a simple vista, y también recurren a la difusión química para transmitir la información, aunque quizá se ayudan, durante la reproducción, con alguna forma de transmisión mecánica a través de la estructura del huso acromático, que sólo aparece en esos momentos y forma parte esencial del sistema de control de la mitosis.

Las plantas pluricelulares, organismos del cuarto nivel, también necesitan con frecuencia transmitir información, tanto hacia dentro como hacia el exterior. Las que viven en tierra firme pueden emitir información visual (colores) o utilizan la difusión química, en este caso en medio aéreo, para comunicarse con otros seres del cuarto nivel. Se sabe que muchas plantas recurren a los insectos para polinizarse y que desprenden aromas para atraerlos. El mensaje transmitido es muy sencillo: *estoy aquí*. A veces, el proceso es más sofisticado: la orquídea *Ophrys sphegodes* desprende una sustancia química que se parece al olor de una feromona de la hembra de la abeja *Andrena nigroaenea*, por lo que atrae a los machos de esa abeja. Sin embargo, una vez polinizada, la flor cambia de olor y desprende una sustancia diferente, el hexanoato de farnesilo, que repele a los machos. Es curioso que las hembras de esa abeja, una vez fecundadas, también desprenden la misma sustancia para quitarse de encima a los machos.

---

[140] Véase el capítulo 4.

Hay muchos otros ejemplos. Cuando la hoja de una planta de tabaco es devorada por una oruga, emite sustancias químicas que atraen a los predadores de la oruga. Muchos árboles desprenden diversos compuestos orgánicos volátiles, que a veces informan sobre la proximidad de alguna causa de estrés. La difusión química en medio acuoso también se emplea para transmitir información dentro de la misma planta, entre órganos diferentes o células muy alejadas entre sí, a través del sistema de vasos que reparte la savia, recurriendo a procedimientos físicos, como la capilaridad o la ósmosis. A veces se utilizan procedimientos más complejos, como el que regula la apertura y cierre coordinados de los poros de las hojas, que se ha comparado con una computación distribuida.

Los animales también utilizan la difusión química. El sistema endocrino está formado por glándulas que secretan diversas sustancias, que se transmiten mediante el sistema circulatorio y llevan señales químicas a los órganos más apartados. Pero el modo de vida de un animal suele ser mucho más activo que el de una planta, por lo que la lentitud de la difusión química resulta inapropiada cuando la distancia a recorrer por las señales es grande y el tiempo de respuesta tiene que ser pequeño. Por ello, casi todos los tipos de organización animal (excepto las esponjas) disponen de alguna forma de sistema nervioso más o menos sofisticado. En este caso se utilizan señales eléctricas, que se transmiten con rapidez mucho mayor que las químicas.

En los tipos de organización más sencillos, el sistema nervioso está descentralizado, pero en los animales de cierta complejidad contiene un centro de control (el encéfalo; en los vertebrados, usualmente se habla de su parte más importante, el cerebro), localizado en una parte especial del cuerpo (la cabeza), y que es tanto más grande cuanto mayor es la complejidad del comportamiento del animal. Se han hecho estudios sobre la relación entre la inteligencia de los seres vivos y el tamaño de su cerebro. La relación resulta ser un tanto compleja: a primera vista, lo que importa, más que el tamaño del cerebro, es la relación de su masa a la masa del cuerpo. Es lógico: un animal muy grande necesita un cerebro grande únicamente para controlar su cuerpo. La tabla 10.1 muestra el valor de esa relación para varias especies de seres vivos[141].

Observando la tabla, podemos ver algunas anomalías: a la cabeza, con el máximo porcentaje de la masa del cerebro respecto a la masa del cuerpo, aparece el cuervo. No cabe duda de que ésta es una de las aves más inteligentes, pero no parece razonable atribuirle una inteligencia superior, no ya al hombre actual, sino incluso al chimpancé o al gorila, que aparecen mucho más atrás. Del mismo modo, la musaraña pigmea y la carpa dorada ocupan los lugares tercero y cuarto, inmediatamente después del hombre moderno, pero antes que todos los demás primates. Por otra parte, los grandes dinosaurios tienen fama de poco avispados, pero ¿estamos dispuestos a aceptar que su inteligencia fuese significativamente inferior a la de una anguila? Finalmente, los celurosaurios son considerados tradicionalmente como los más inteligentes de los dinosaurios, pero ¿más que el gorila y que el elefante?

Puede comprobarse que la inteligencia de los animales muy grandes está infravalorada en la tabla 10.1, mientras que la de los más pequeños aparece exagerada. Es evidente que el porcentaje de la masa del cerebro respecto al cuerpo no es una buena medida. Existen razones para ello. Aparte de los procesos que suelen clasificarse como inteligentes, el cerebro dedica gran parte de su actividad a controlar el funcionamiento del cuerpo. En este apartado, ocupa un papel fundamental la supervisión

---

[141] Datos obtenidos del libro *The dragons of Eden*, de Carl Sagan, 1977.

de la superficie, que constituye la interfaz o zona intermedia entre un ser vivo y su entorno, donde se encuentran los órganos de los sentidos, que le permiten relacionarse con el exterior.

Especie	Masa cerebro (g)	Masa cuerpo (kg)	% masa cerebro / masa cuerpo
Cuervo	10	0,3	3,33
Homo sapiens	1400	60	2,33
Musaraña pigmea	0,1	0,005	2,00
Carpa dorada	0,35	0,02	1,75
Homo erectus	1000	60	1,67
Australopithecus	500	35	1,43
Homo habilis	800	60	1,33
Delfín	1600	150	1,07
Colibrí	0,1	0,01	1,00
Babuino	180	21	0,86
Rata	2,5	0,3	0,83
Chimpancé	350	60	0,58
Celurosaurio	150	30	0,50
Gorila	600	300	0,20
León	250	220	0,11
Elefante	4500	8000	0,056
Avestruz	50	110	0,045
Cachalote	9000	50.000	0,018
Anguila	0,5	4	0,0125
Caimán	15	210	0,0071
Tyrannosaurus	200	10.000	0,0020
Diplodocus	60	20.000	0,0003

Tabla 10.1. Relación masa del cerebro a masa del cuerpo

A medida que crece el tamaño del cuerpo, el volumen se incrementa mucho más deprisa que la superficie (el primero aumenta en función del cubo de las dimensiones, mientras la segunda crece con el cuadrado). Por ejemplo: un animal cuyas dimensiones sean dobles que las de otro, tendrá un volumen ocho veces mayor, pero una superficie sólo cuatro veces más grande. Como el cerebro crece con el volumen, en función del cubo, esto tiene la consecuencia de que los animales más grandes deben dedicar al control de la superficie corporal un porcentaje menor de sus actividades cerebrales que los más pequeños. Por lo tanto, con el mismo porcentaje de la masa del cerebro respecto a la masa del cuerpo, un animal más grande tendrá liberado parte de su cerebro para dedicarlo a actividades inteligentes, mientras que uno más pequeño tendrá que emplearlo casi todo en controlar su cuerpo.

Para compensar este efecto, vamos a utilizar otra medida: el cociente del logaritmo[142] de la masa del cerebro por el logaritmo de la masa del cuerpo, que tiene precisamente el efecto deseado. Comparada con el simple porcentaje de la masa cerebral, asigna un valor mayor a los animales más grandes y uno menor a los más pequeños. La tabla 10.2 presenta los resultados obtenidos, ordenados de nuevo de mayor a menor. Quizá, en este caso, hemos tratado injustamente a los animales más diminutos. La rata ha bajado demasiados puestos; el colibrí y la musaraña pigmea, los más pequeños de todos, se nos han ido a los últimos lugares; pero el orden de las demás especies parece mucho más razonable que en la tabla 10.1. Se han propuesto otras medidas para

---

[142] El logaritmo de un número es el exponente al que hay que elevar otro número (usualmente 10) para obtener el primero. Por ejemplo, el logaritmo de 10 es 1, porque $10^1=10$; el logaritmo de 100 es 2, porque $10^2=100$; el logaritmo de 1000 es 3, porque $10^3=1000$; et cétera. Obsérvese que los logaritmos crecen mucho más despacio que los números a los que corresponden.

relacionar el tamaño del cerebro de los seres vivos con su inteligencia, pero no creo que sea necesario entrar en ellas con más detalle.

Especie	lg masa cerebro(g) / lg masa cuerpo(g)
Homo sapiens	0,66
Homo erectus	0,63
Delfín	0,62
Homo habilis	0,61
Australopithecus	0,59
Chimpancé	0,53
Elefante	0,53
Babuino	0,52
Gorila	0,51
Cachalote	0,51
Celurosaurio	0,49
León	0,45
Cuervo	0,40
Avestruz	0,34
Tyrannosaurus	0,33
Diplodocus	0,24
Caimán	0,22
Rata	0,16
Anguila	-0,08
Carpa dorada	-0,35
Colibrí	-1,00
Musaraña pigmea	-1,43

Tabla 10.2. Relación logarítmica de masas

Si alguien piensa que, según la tabla 10.2, aunque ocupemos el primer lugar, no somos mucho más inteligentes que el delfín o el chimpancé, se equivoca. Como todas las medidas, también ésta tiene sus defectos (ya hemos señalado uno). Obsérvese que está calculada exclusivamente en función de la masa cerebral. No se tiene en cuenta para nada su distribución. El cerebro humano no es una esfera, está extraordinariamente convolucionado, más que el de ninguna especie animal, lleno de grietas, entrantes y salientes, que aumentan extraordinariamente su superficie. Hay propiedades del cerebro que dependen más de la superficie que del volumen. Nada de esto se ha considerado en la tabla 10.2. El hecho de que, a pesar de todas las simplificaciones realizadas, el hombre moderno ocupe el primer lugar, es ya bastante sugerente.

* * *

Otra medida interesante, relacionada con la anterior, es la cantidad de información que contiene dentro de su cuerpo o puede manejar cada especie viva. En los seres pertenecientes a los tres primeros niveles de la vida (virus, bacterias, algas, protozoos...) la información (genética) se almacena casi exclusivamente en los ácidos nucleicos. Los animales, provistos de sistema nervioso, poseen también la capacidad de almacenar información en las células nerviosas de su cerebro, que les proporciona una memoria y una capacidad de cálculo independientes de la información genética. Finalmente, el hombre moderno, la única especie capaz de evolucionar en el nivel cultural, dispone de nuevos procedimientos para almacenar información fuera de su cuerpo, como los libros y los ordenadores.

La tabla 10.3, cuyos datos han sido obtenidos en parte del libro de Carl Sagan y en parte calculados por mí, muestra una medida aproximada de la información media que puede contener en su interior cada grupo de seres vivos. Obsérvese que, a partir de los reptiles, la capacidad de almacenamiento de información del cerebro rebasa la información genética, que para los mamíferos resulta ya despreciable. En el hombre, en cambio, domina la información cultural extracorpórea.

Ser vivo	Información genética	Información cerebral	Información cultural
Virus	10 a 50 kbit		
Bacterias	1 a 10 Mbit		
Eucariotas	25 Mbit		
Nemátodos	200 Mbit		
Arabidopsis	250 Mbit		
Insectos	360 Mbit		
Álamo	960 Mbit		
Anfibios	2 Gbit	10 kbit	
Reptiles	3 Gbit	10 Gbit	
Mamíferos	5 Gbit	200 Gbit	
Hombre	6 Gbit	10 Tbit	10000 Tbit

Tabla 10.3. Cantidad de información en los seres vivos
1 kbit(kilobit)=1000 bit; 1 Mbit(Megabit)=1000 kbit;
1 Gbit(Gigabit)=1000 Mbit; 1 Tbit(Terabit)=1000 Gbit.

El cálculo de la información genética es difícil. Por un lado, como veremos en el capítulo 12, aún no se sabe exactamente cuál es la información útil de los genomas y qué parte del ADN es inutilizable (basura, como lo llaman los expertos). Si la segunda es grande, la información contenida en nuestros cromosomas sería menor. Por otro lado, parece que un solo gen puede codificar varias proteínas, utilizando diversos mecanismos (como el barajamiento de partes del propio gen, o la aplicación de correcciones químicas posteriores a la síntesis de la proteína), lo que nos forzaría a incrementar nuestros cálculos sobre la información disponible. Las cifras de la tabla 10.3 deben considerarse meramente orientativas.

La figura 10.1 presenta, en forma de gráfico, la evolución de la cantidad de información manejada por diversos tipos de seres vivos a lo largo del tiempo. El eje horizontal es lineal y presenta el transcurso del tiempo, en miles de millones de años, a partir del origen de la vida (que tuvo lugar hace, aproximadamente, cuatro mil millones de años), hasta el momento de la aparición de las especies o grupos considerados. El eje vertical es logarítmico (crece exponencialmente) y presenta el número de bits a disposición de la especie más avanzada de la época (la especie que dispone de más cantidad de información). La curva negra que comienza en trazo continuo y acaba de puntos representa la cantidad de información genética. La curva gris de trazo continuo corresponde a la información contenida en el sistema nervioso. La curva gris de puntos a la información cultural (vale cero para todas las especies, excepto para el hombre). Finalmente, la curva de negra continua representa la suma de toda la información que los seres vivos tienen a su disposición. Al principio, toda la información es genética, por eso ambas curvas coinciden. Más adelante, a partir de la aparición de los animales, hace unos 600 millones de años (3400 millones de años después de la aparición de la vida) coexisten la información genética y la del sistema nervioso. Finalmente, con el hombre, hace aparición la información cultural, que rápidamente rebasa a las otras dos: piénsese que toda la información de que disponemos en forma de libros y otros medios de almacenamiento externos es muy superior a la que cabe en un cerebro humano.

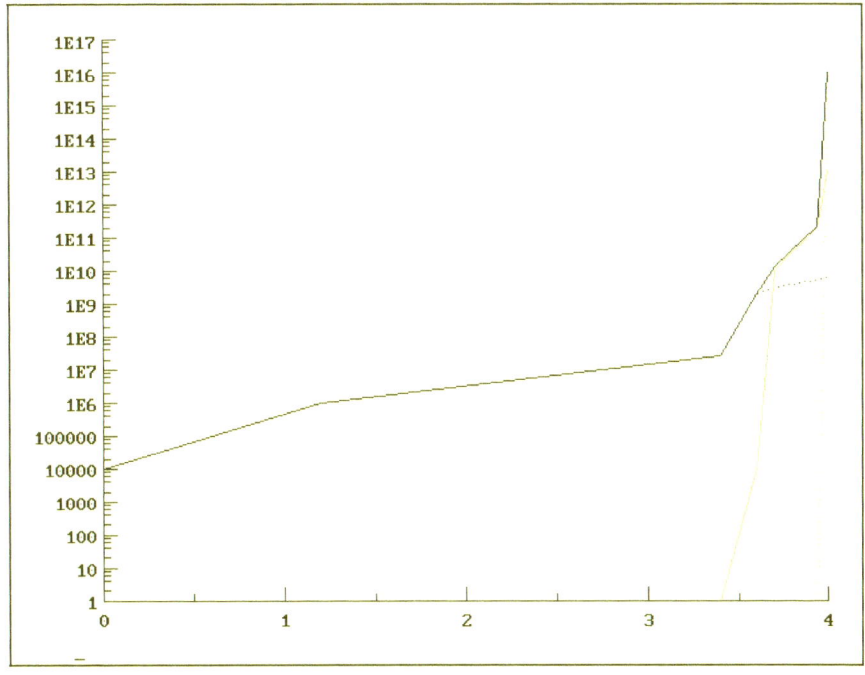

Figura 10.1. Información manejada por los seres vivos desde el origen de la vida.

Es evidente en la curva anterior que, a lo largo de la historia de la vida, la información de que disponen las especies más avanzadas de seres vivos ha ido aumentando sin tregua. Vimos en el capítulo 6 que los biólogos modernos suelen afirmar que la evolución no muestra tendencias, que no hay especies superiores a otras, que todos los seres vivos somos equivalentes. La figura 10.1 nos proporciona un nuevo argumento para rebatirlo. Los datos cuantitativos demuestran, no sólo que sí existe una tendencia en el proceso evolutivo (hacia especies capaces de procesar cantidades crecientes de información), sino también que la especie humana ocupa un lugar privilegiado: en este momento, es la cima de la evolución.

Nótese que en ningún momento he sostenido que no puedan producirse retrocesos (como ocurre cuando aparece una especie parasitaria) o que la evolución haya tenido lugar siguiendo un plan preestablecido, sin intervención alguna del azar. Recuérdese que las cifras anteriores representan medias o máximos. Son, por tanto, datos estadísticos, reducen a un punto poblaciones en las que existe cierta variabilidad.

La teoría que afirma que la evolución está dirigida en sus más mínimos detalles se llama *ortogénesis*[143] y fue propuesta en el siglo XIX, poco después de que Darwin publicara sus teorías, por el biólogo suizo Karl Wilhelm von Nägeli (1817-1891), el mismo que rechazó el descubrimiento de Mendel, que se apoyaba en la aparición en el registro fósil de lo que parecían series de especies sucesivas, como la del caballo y la del elefante. Investigaciones posteriores descubrieron que la acción de la evolución, más que a un conjunto de líneas rectas, se parece a un árbol enormemente ramificado. Las series resultaron ser un artefacto introducido por la enorme escasez de restos fósiles descubiertos hasta entonces.

Lamentablemente, Teilhard de Chardin escogió el nombre de ortogénesis para referirse a la evolución hacia más y más consciencia, que en la práctica corresponde a la curva de la figura 10.1 y cuya existencia puede comprobarse. Pero el uso de un término desacreditado redundó en perjuicio de toda su teoría. Es cierto que él dice que lo utiliza *en el sentido más etimológico y general del término*[144], para distinguirlo del uso que hizo Nägeli, pero era inevitable que la coincidencia causara confusión.

---

[143] Del griego *orzós*, derecho, recto, *geneá*, origen; ortogénesis significa, pues, origen en línea recta.
[144] *El grupo zoológico humano*, IV parte, *Formación de la noosfera*.

El Quinto Nivel de la Evolución

* * *

Las sociedades incipientes del quinto nivel, las colonias de pólipos, los hormigueros, colmenas, avisperos y termiteros, no han desarrollado por el momento nada equivalente al sistema nervioso de los animales. Dado el estado de evolución detenida en que parecen hallarse desde hace millones de años, no parece que vayan a desarrollarlo tampoco en el futuro. Para establecer comunicación entre sus miembros, recurren de nuevo a medios químicos. Ya hemos mencionado que los individuos sexualmente activos pueden segregar hormonas que se propagan por la colonia e inhiben la aparición de otros de su misma casta[145]. Las hormigas que encuentran un depósito de alimentos dejan un rastro químico, al volver al hormiguero cargadas con parte de él, que indica a otros miembros del mismo hormiguero la dirección que deben seguir para encontrarlo. Las abejas recolectoras, en cambio, recurren a un baile muy sofisticado[146], en el que la velocidad y el ángulo del movimiento representan simbólicamente la dirección a seguir y la distancia a recorrer para encontrar néctar. El baile de las abejas es asombroso, pero requiere el contacto físico entre los miembros de la colmena para poder interpretarlo (tiene lugar en la oscuridad), por lo que su alcance es menor que el mensaje químico de las hormigas. En ambos casos, se pierde bastante tiempo entre el descubrimiento que se quiere comunicar y la recepción de la noticia por otros miembros de la sociedad.

Llegamos por fin a la sociedad humana, otro organismo incipiente del quinto nivel. ¿Tenemos en este caso algo equivalente a un sistema

---

[145] Véase el capítulo 7.
[146] Karl von Frisch, *La vida de las abejas*. Von Frisch (1886-1982) recibió en 1973 el premio Nobel de Fisiología y Medicina por sus estudios de la conducta de las abejas.

nervioso? Lo tenemos, lo hemos construido nosotros mismos, desde hace muy poco tiempo.

Durante la mayor parte de la historia, los seres humanos sólo podían comunicarse a corta distancia por medios bastante primitivos: gritos, silbidos, sonidos de tambor, hogueras, antorchas, señales de humo, banderas... Todavía en 1588 se avisó mediante hogueras de la llegada de la Armada Invencible a Inglaterra. Para mensajes a larga distancia, se utilizaba la carrera (como en la batalla de Maratón), el caballo o las palomas mensajeras. Los mensajes podían ser orales, escritos (desde la invención de la escritura, hace unos 5000 años) o codificados de una u otra manera.

Los sistemas de comunicación más sofisticados se remontan a poco más de dos siglos: el primer mensaje de telegrafía visual, que utilizaba el sistema inventado por Claude Chappe (1763-1805), se envió el 15 de agosto de 1794 e informaba al gobierno revolucionario francés de la reconquista de Le Quesnoy. Pero el telégrafo visual presentaba problemas importantes: sólo funcionaba de día y con buenas condiciones atmosféricas. Por eso fue suplantado, en cosa de medio siglo, por el telégrafo eléctrico, cuya idea estaba en el ambiente, como demuestra el gran número de inventores que participaron en su desarrollo: Gauss, Weber, Henry, Cooke, Wheatstone, Morse... La tabla 10.4 presenta algunas de las efemérides y demuestra que en cosa de tres décadas se construyó, por primera vez en la historia, un sistema de comunicaciones rápidas verdaderamente mundial.

1838	Samuel Morse inventa su famoso código
24/5/1844	Primer mensaje de Morse en la línea Washington-Baltimore[147]
1846	Cooke y Wheatstone crean la Electric Telegraph Company
1851	Primer cable submarino a través del Canal de La Mancha
1862	240.000 km de red telegráfica en todo el mundo
1866	Primer cable trasatlántico
1872	Primer mensaje Australia-Londres

Tabla 10.4. Efemérides del telégrafo electrodinámico

La revolución de las comunicaciones se aceleró considerablemente a partir de entonces. Sucesivamente surgieron el teléfono (Innocenzo Manzetti, 1850; Antonio Meucci, 1871; Alexander Graham Bell, 1876; Elisha Gray, 1876); la radio, inicialmente llamada *telegrafía sin hilos* (Heinrich Hertz, 1885; Guglielmo Marconi, 1895; Karl Ferdinand Braun, 1899; Reginald Aubrey Fessenden, 1906; Edwin Howard Armstrong, 1912-33); la televisión (Vladimir Kosma Zworykin, 1923-28; John Logie Baird, 1925-28); y los satélites de comunicaciones (desde *Echo I*, que se lanzó en 1960).

Al mismo tiempo que esto ocurría, avanzaba también a marchas forzadas la facilidad con que los seres humanos podían trasladarse desde un punto a otro de la Tierra. Tradicionalmente, y desde la antigüedad más remota, este tipo de comunicaciones se había llevado a cabo en tierra por medio de tracción animal (el más rápido era el caballo), y en el

---

[147] Se transmitió la cita bíblica *What hath God wrought!* (¡Lo que ha hecho Dios!), Núm.23:23, KJV.

agua por medio del viento (barcos de vela) o por tracción humana (remos y similares). A partir del siglo XIX, con la revolución industrial, el transporte de seres humanos sufrió una revolución. Primero fue la red de ferrocarriles y el barco de vapor, después, ya en el siglo XX, el transporte aéreo. Pero aunque sea capaz de trasladar mensajes y comunicaciones, no parece razonable hacer corresponder este tipo de transporte con un sistema nervioso: más bien se parece a un sistema circulatorio.

Ambos factores, los incrementos de la capacidad de desplazamiento y de la facilidad de las comunicaciones, han aumentado el alcance de cada ser humano (la distancia máxima en la que puede influir sobre los demás) hasta hacerlo coincidir con la Tierra entera. Teilhard de Chardin piensa que esto provoca sobre nosotros una *presión* que tiende a unirnos, y que hace converger la sociedad humana hacia el punto Omega[148].

Por otra parte, la red telegráfica mundial y sus sucesoras tampoco podían considerarse equivalentes al sistema nervioso de un ser vivo del cuarto nivel, todo lo más a un conjunto de nervios. ¿Por qué? Pues porque no poseían capacidad de proceso, ni memoria, aparte de la inherente a las *células* humanas que constituyen la sociedad (nuestros cerebros), que utilizan la red para comunicarse entre sí. Sin embargo, a mediados del siglo XX se inventaron los ordenadores electrónicos, que a partir de los años setenta comenzaron a conectarse entre sí mediante la red telefónica, que además de voz es capaz de transmitir datos codificados.

No se piense que estoy comparando un ordenador con nuestro cerebro. La *inteligencia artificial* comparable a la humana, de la que tanto se habla desde que John McCarthy inventó el término en 1956, no

---

[148] *El fenómeno humano*, libro cuatro, capítulo I.1.A, *Coalescencia forzada*.

existe. Se ha dicho en tono irónico que *inteligencia artificial es todo aquello que aún no sabemos hacer con un ordenador*. Tan pronto como logramos resolver alguno de los problemas clásicos clasificados como inteligentes, ya no nos parecen tan inteligentes. Esto ocurrió, por ejemplo, con los programas que juegan al ajedrez. En 1956 se predijo que en diez años existirían programas capaces de ganar al campeón mundial. La predicción se cumplió con treinta años de retraso, en la década de los noventa, y el programa que lo consiguió (*Deep Blue*, de IBM) debía su habilidad, más que a la inteligencia de sus predicciones (así es como lo hacen los mejores jugadores humanos), al hecho de que los ordenadores eran ya tan potentes y rápidos, que resultaba factible analizar muchas posibilidades y escoger la mejor, con un algoritmo no demasiado complejo.

Pero no se trata de comparar los *cerebros electrónicos* (como se llamaban antiguamente) con los nuestros. Estamos hablando de la formación de un sistema nervioso incipiente para un ser incipiente del quinto nivel. No es preciso compararlo con los más avanzados del cuarto nivel, sino con los más sencillos. Si tomamos como referencia el sistema nervioso de un anélido, incluso de un artrópodo, nuestros ordenadores no salen tan mal parados. De hecho, bastaría comparar cada ordenador con uno de los ganglios de esos animales, cuyo sistema nervioso está bastante descentralizado. El paralelo es mayor de lo que puede parecer a primera vista, porque desde hace pocas décadas los ordenadores pueden conectarse entre sí y formar redes parecidas, aunque más complejas que las de los invertebrados.

A finales de los años sesenta del siglo XX, se utilizaron por primera vez líneas telefónicas para conectar estaciones terminales remotas sin capacidad de cómputo a los ordenadores de entonces, que eran mucho más grandes y bastante menos potentes que los actuales. A pesar de ello, cada computadora seguía siendo un ente aislado, sin posibilidad de comunicarse con otros ordenadores.

A mediados de los años setenta se inventaron los primeros protocolos que hicieron posible la comunicación entre ordenadores diferentes. Poco a poco se fueron formando las primeras redes: Arpanet (del Departamento de Defensa de los Estados Unidos), Vnet (de la empresa IBM), Bitnet (red universitaria norteamericana; la Unión Europea formó primero su propia red, EARN, y acabo conectándola a Bitnet), e Internet (formada inicialmente por empresas privadas). Todas estas redes fueron uniéndose unas a otras a través de pasarelas, hasta que durante los años noventa llegaron a integrarse en una red única, que conservó el nombre de una de ellas: Internet.

El siguiente avance tuvo lugar en 1990, cuando Tim Berners-Lee y Robert Cailliau, que trabajaban en el Consejo Europeo de Investigaciones Nucleares (CERN, por sus siglas en francés), desarrollaron un nuevo protocolo (*http*) que facilita la comunicación entre las computadoras en el entorno de Internet. Tres años más tarde, el CERN cedió el protocolo *http* al dominio público, para que todo el mundo pudiese utilizarlo sin pagar derechos. La respuesta fue inmediata: ese mismo año, Marc Andreessen y otros investigadores crearon el primer navegador práctico de Internet, *Mosaic*. Un año más tarde, Andreessen y Jim Clark mejoraron el navegador y fundaron una empresa para comercializarlo, con el mismo nombre que el nuevo navegador: *Netscape*. En 1996, Microsoft lanzó su propio navegador: *Explorer*. Con ayuda de estas herramientas, y apoyándose esencialmente en la iniciativa privada, en muy poco tiempo se formó la *World Wide Web*[149], que

---

[149] La Red Mundial. La palabra *web* se ha impuesto hasta tal punto, que en el

permite a cualquier persona acceder de forma sencilla, a menudo gratuita, a documentación, información y archivos distribuidos por millones de ordenadores[150], situados en cualquier lugar del mundo.

En un cuento publicado en 1963, titulado *Dial F for Frankenstein*[151], Arthur C. Clarke, ingeniero y escritor británico de ciencia-ficción, predijo que el día en que todos los ordenadores de la Tierra se conectasen entre sí por vía satélite, tomarían el control del planeta, arrebatándoselo a la especie humana. Afortunadamente, esto no ha sucedido. Clarke tuvo más éxito en otra predicción, la de la comunicación mundial establecida a través de satélites geoestacionarios, que fue el primero en realizar, quince años antes de que se llevara a efecto[152].

Es curioso que Clarke haya publicado, a principios de los años sesenta, una predicción seria[153] de todos los avances científicos que, en su opinión, iban a tener lugar, década a década, desde 1970 hasta el año 2100. De todas sus predicciones para las cuatro décadas ya transcurridas, Clarke sólo adivinó dos: el aterrizaje en la Luna (que ya era previsible, con los planes espaciales norteamericanos) y el teléfono móvil, que él llamó *radio individual*. Como ingeniero experto en radar, las dos grandes predicciones acertadas de Clarke pertenecen a su propio campo.

Con la web mundial, comienza a aparecer un verdadero sistema nervioso común a toda la humanidad. La información contenida en los

---

año 2000 la Real Academia de la Lengua la aceptó como nueva palabra castellana correcta, a pesar de su origen inglés y de que, al acabar en la letra b, incumple alguna de las normas tradicionales.
[150] Se calcula que el número de usuarios de Internet en todo el mundo alcanzó en 2003 la cifra de 600 millones.
[151] *Marque F de Frankenstein*.
[152] *Extra-terrestrial relays*, publicada en la revista *Wireless World*, 1945.
[153] En España la publicó Manuel Calvo Hernando en el diario Ya, el 10 de octubre de 1963.

nodos de la red es asombrosamente grande. Por primera vez, el conjunto de cables que nos unen tiene memoria. También dispone de una gran capacidad de cómputo, aunque distribuida: no hay hasta el momento nada que corresponda al cerebro de un vertebrado. El ser que estamos construyendo, aún no tiene cabeza.

Como todo sistema *vivo*, nuestro sistema nervioso incipiente está sujeto a enfermedades y parásitos. Cada vez con más frecuencia, se oye hablar de la propagación dañina de virus, gusanos, troyanos y otras especies nocivas por la red mundial. Se habla de varios miles de intentos al año. Al lado de esto, también se producen numerosos ataques, realizados por individuos concretos o grupos (*hackers*, *crackers* y otras variedades), contra la seguridad de los ordenadores o, simplemente, con la intención de colapsar el uso de ciertos servicios. Estas actividades, realizadas con intenciones delictivas o por simple deseo de fastidiar a los demás, pueden compararse con el comportamiento de las células cancerosas en los seres vivos del cuarto nivel.

Como es natural, no basta que la red mundial contenga gran cantidad de información: hay que poder utilizarla cuando convenga. Por eso, después de los navegadores, no tardó en darse el siguiente paso: los buscadores. Primero *Wandex*, después *Yahoo*[154], *Altavista*, *Google*[155], se

---

[154] Nombre de una de las razas de los habitantes del último de los países imaginarios visitados por Gulliver en la obra de Jonathan Swift (1667-1745). Los *Yahoo* son animales de forma humana, pero desprovistos de inteligencia. La otra raza, los *Houyhnhnm*, son caballos inteligentes.

[155] El término *googol* se aplica en Matemáticas a un número incalculablemente grande: 10^{100}, es decir, un uno seguido por cien ceros. Este número es mucho mayor que el de átomos y partículas elementales en el universo conocido. Sin embargo, como vimos en el capítulo 2, es fácil rebasarlo utilizando los métodos de una rama de las Matemáticas, la combinatoria, que calcula el número de posibilidades de ordenación de cierto número de objetos. Por ejemplo, si permutamos de todas las formas posibles la posición de setenta personas

han convertido en herramientas imprescindibles, que muchos de nosotros utilizamos todos los días.

Se podría pensar que un sistema nervioso formado por innumerables centros de cómputo conectados entre sí por medio de líneas telefónicas debería resultar muy poco manejable, demasiado *mastodóntico*. La realidad es muy diferente. La conectividad de la red mundial es muy compleja, existen nodos con muchas conexiones, y conexiones que unen nodos muy distantes. Esto da lugar a la aparición de lo que se ha dado en llamar el *efecto del mundo pequeño*[156].

Supongamos que deseamos expresar de forma gráfica la relación que existe entre dos personas cuando se conocen entre sí. Si cada persona se representa con un círculo, y la relación entre dos de ellas por una línea que une los círculos correspondientes, aparece una herramienta muy utilizada en matemáticas y otras ciencias y tecnologías, que se llama *grafo*. Dado que en el mundo existen más de seis mil millones de personas, el grafo contendrá seis mil millones de círculos y un número mucho mayor de líneas, pues el número de personas que conoce cada uno es bastante grande.

Este grafo tiene una estructura peculiar: casi todas las líneas unen círculos muy próximos entre sí, pues la mayor parte de nuestros conocidos no viven muy lejos de nosotros, pero de vez en cuando aparecen líneas que unen círculos muy alejados, pues quien más, quien menos, conoce a alguna persona situada al otro lado del mundo. En los años sesenta del siglo XX, el sociólogo norteamericano Stanley Milgram

---

colocadas en fila, se obtendría algo más de un *googol* de disposiciones diferentes.
[156] Traducción de una frase hecha inglesa, *it's a small world*, equivalente a la nuestra, *el mundo es un pañuelo*.

descubrió que, en los grafos que poseen estructuras de este tipo, el número máximo de grados de separación entre cualquier par de nodos no pasa de seis. Por eso los llamó grafos del tipo *mundo pequeño*, pues es fácil que dos personas cualesquiera que se encuentren casualmente descubran que tienen algún conocido común (o que ambas conocen a alguien que conoce a la misma persona).

Existen muchos sistemas, representables con grafos, que exhiben propiedades parecidas. Una de las más conocidas es la red que aparece cuando se establece una relación entre los actores y actrices de cine, por el hecho de haber trabajado juntos en la misma película. Si cada actor se representa por un círculo, y la relación entre dos de ellos por una línea que une sus círculos, se forma el grafo correspondiente a esta relación y se descubre que entre dos actores suele existir un camino cuya longitud no pase de cuatro tramos. Es decir: dados dos actores A y E, suele ser posible encontrar otros tres, B, C y D, tales que A ha trabajado con B en alguna película, B con C en otra, C con D y D con E. En muchos casos existen caminos más cortos, incluso de un solo tramo, si los dos trabajaron juntos en alguna película[157].

La web mundial de ordenadores puede representarse también mediante un grafo. Las computadoras serán círculos. Trazaremos una línea entre dos de ellos cuando exista una conexión telefónica que los una. Pues bien, este grafo también tiene las propiedades del mundo pequeño, lo que significa que dos ordenadores cualesquiera pueden

---

[157] En la dirección de Internet *http://oracleofbacon.org/oracle/star_links.html* puede encontrarse una aplicación que encuentra el camino mínimo entre dos actores o actrices cualesquiera. Si introducimos, por ejemplo, Toshiro Mifune y Gracita Morales, la distancia obtenida es 2: el actor japonés trabajó en la película *Inchon* (1981) con Franco Ressel, y éste coincidió con Gracita en *Crónica de nueve meses* (1967).

conectarse entre sí mediante caminos muy cortos. Esto hace la red muy flexible y facilita el acceso a la información, cualquiera que sea el país del mundo en que se encuentre.

* * *

Supongamos que el análisis anterior sea correcto. El ser incipiente del quinto nivel que estamos construyendo sobre la Tierra tendría un cuerpo formado por los seres humanos (sus células), y un sistema nervioso aún primitivo, constituido por un conjunto de algunos millones de ordenadores, conectados entre sí en la web mundial. *Pero ¿qué es esto?* protestará algún lector. *¿De qué clase de ser de quinto nivel estamos hablando? ¿Qué mezcla contra-natura es ésta, con seres vivos por un lado (nosotros), y máquinas por otro? ¿A dónde vamos a ir a parar?*

Es verdad: a primera vista, lo que estamos describiendo recuerda el famoso *cyborg*[158], ese ser hipotético, propio de la ciencia-ficción, resultado de la implantación en el hombre de dispositivos electrónicos automáticos que controlen sus funciones biológicas, así como sentidos artificiales que faciliten su vida en entornos muy alejados de los nuestros: por ejemplo, en los espacios siderales.

Lo recuerda, pero es muy diferente. A pesar de ser una simbiosis hombre-máquina, el *cyborg* seguiría siendo un ser del cuarto nivel. Aquí estamos hablando de un ser de orden superior, en el que cada individuo humano sea equivalente a una célula, mientras las componentes electrónicas construyen un sistema nervioso, externo a cada uno de nosotros, pero interno desde el punto de vista del ser del quinto nivel. Un

---

[158] Contracción de las palabras inglesas *cybernetic organism* (organismo cibernético).

ser que J. de Rosnay ha bautizado con el nombre de *cibionte*[159], y Fernando Sáez Vacas con el de *Homo noosferensis*[160], nombre claramente influido por Teilhard de Chardin.

Obsérvese que, en este contexto, la cuestión de si se llegará a construir una inteligencia artificial (al estilo de los robots de la ciencia-ficción clásica) deja de tener importancia. El desarrollo de un sistema nervioso para el ser del quinto nivel es mucho más trascendental. Hay que recordar que, lo que hemos podido construir hasta ahora, está más o menos al nivel de un anélido, con un sistema nervioso descentralizado, un cuerpo sin cabeza. Queda mucho camino por recorrer.

De todos modos, la biología no ha dicho aún su última palabra. El siglo XX no fue sólo la era de las tecnologías de la información y las comunicaciones. En sus últimas décadas, también dio lugar a la aparición de una nueva ingeniería, la más reciente de todas: la biotecnología. En el futuro, podría tener lugar una evolución conjunta de nuestro cuerpo y de nuestros instrumentos, lo que Sáez Vacas llama *coevolución humanidad-tecnología*[161]. En los dos capítulos siguientes intentaremos dar una idea de la situación actual de la biotecnología.

---

[159] *El hombre simbiótico*, Cátedra, 1996. *Cibonte* es una contracción, semejante a *cyborg*, de *bionte cibernético*.
[160] *Más allá de Internet: la red universal digital*, Centro de Estudios Ramón Areces, 2004.
[161] *Ibid.*, capítulo 12.

11. ¿Tendremos que renunciar a la reproducción?

Como hemos visto en los capítulos anteriores, la transición de un nivel a otro ha ocurrido ya al menos tres veces en la historia de la vida:

- De los ácidos nucleicos (primer nivel) a la célula procariota (segundo nivel).
- De las células procariotas (segundo nivel) a la célula eucariota (tercer nivel).
- De las células eucariotas (tercer nivel) al ser pluricelular (cuarto nivel).

A esto tenemos que añadir que la transición del segundo al tercer nivel probablemente ocurrió dos veces de forma independiente:

1. Una célula procariota aprendió a vivir dentro de otra, transformándose en mitocondria.
2. Una célula procariota aprendió a vivir dentro de una de las anteriores, transformándose en cloroplasto.

Todas las células eucariotas tienen mitocondrias, mientras que no todas tienen cloroplastos, por lo que parece probable que la transición ocurriera en dos fases, de la manera indicada.

De igual manera, la transición del tercer al cuarto nivel también debió de ocurrir varias veces independientemente. Existen grupos cuyos organismos multicelulares poseen tejidos poco diferenciados, que pueden considerarse como seres incipientes del cuarto nivel: son los *Acrasiomycota* (ciertos mohos), *Rhodophyta* (algas rojas), *Chrysophyta* (algas doradas), *Phaeophyta* (algas pardas), *Labyrinthulida*, *Oomycota* y *Xanthophyta*. Estos grupos incluyen a veces formas unicelulares, al lado de otras pluricelulares (incluso pueden darse ambas en la misma especie).

Los tres grandes reinos tradicionales, hongos, plantas y animales, pueden también haber llegado a ser pluricelulares por varios caminos independientes. Entre los hongos, por ejemplo, los basidiomicetos son todos pluricelulares, mientras los ascomicetos contienen formas pluricelulares y unicelulares (como las levaduras). Lo mismo ocurre con las plantas, que podrían haber alcanzado el cuarto nivel por hasta cinco caminos diferentes, y con los animales, que habrían llegado a la pluricelularidad por tres: esponjas; placozoos o mesozoos; y metazoos propiamente dichos (todos los demás tipos de organización).

Por último, disponemos ya de algunos ejemplos de transiciones incipientes al quinto nivel, que también han ocurrido independientemente:

- Entre los celentéreos se han dado al menos dos casos: los pólipos coralinos y los sifonóforos.
- Entre los insectos se han dado cuatro: los termes, las abejas, las avispas y las hormigas.

La transición de nivel resulta ser, por consiguiente, un fenómeno relativamente frecuente en la historia de la vida, pues parece haber sucedido de forma independiente más de veinte veces. Es verdad que se trata de un fenómeno mucho menos frecuente que la aparición de una especie nueva, pues se calcula que, en total, en la Tierra han aparecido, a lo largo de su historia, unos cien millones de especies diferentes. Esta cifra incluye, tanto especies actuales (conocidas o desconocidas), como extinguidas.

Tenemos una idea bastante clara de cómo tiene lugar la aparición de especies nuevas. De acuerdo con la teoría sintética neodarwinista, una especie puede descomponerse en otras dos, descendientes de ella, a través de un proceso de evolución divergente. A veces, una población queda dividida en dos grupos aislados, como consecuencia de la aparición de una barrera geográfica (una cadena montañosa, un brazo de mar, etc.) que impida el intercambio genético entre los individuos de ambas subpoblaciones. Los dos grupos se ven entonces sometidos a condiciones ambientales ligeramente diferentes, y la acción de la selección natural irá diversificando su composición genética. Si la separación se mantiene durante muchas generaciones, pueden llegar a formarse especies y aun géneros distintos. Esto es lo que ocurrió con los famosos pinzones de las islas Galápagos, que hicieron surgir en Darwin la idea del origen de las especies: los pobladores de cada isla quedaron aislados de sus compañeros del resto del archipiélago y dieron lugar a especies propias, adaptadas a vivir en condiciones diferentes.

Las cosas no son tan sencillas cuando se trata de explicar el proceso de la unión de varios seres de nivel inferior para formar un solo ser de nivel superior. Hasta el momento, no disponemos de teorías que permitan explicar lo que sucede en estos casos, de forma aceptable para todos los especialistas. El problema principal puede enunciarse así:

La selección natural favorece la supervivencia estadística de los individuos mejor adaptados al ambiente, pues a la larga son éstos los que dejan mayor número de descendientes. Por tanto, los distintos individuos de una especie no sólo compiten con los de otras especies que quieran ocupar el mismo nicho ecológico, sino también con los de su misma especie. En consecuencia, es inevitable que la selección natural favorezca el desarrollo del egoísmo: *cada uno por sí mismo* debería ser la ley fundamental de los seres vivos. De hecho, así sucede con gran frecuencia.

Es cierto que, en algunas especies vivas, generalmente aquellas en las que la consciencia alcanza su máximo desarrollo, suelen aparecer también comportamientos altruistas. Se ha señalado que, cuando un leopardo amenaza a una bandada de babuinos, algunos individuos, generalmente escogidos entre los más fuertes, se enfrentan a la fiera para dar tiempo a escapar al resto de la bandada, arriesgando su vida para salvar a sus compañeros. La explicación de este tipo de comportamiento supuso un problema serio para los biólogos evolucionistas de mediados del siglo XX, que desarrollaron teorías algo complicadas, basadas en el principio del *gen egoísta*[162]. Así, por ejemplo, se decía que un individuo podría sacrificarse para asegurar la supervivencia de dos de sus hijos (cada uno de los cuales comparte con él un 50% de sus genes) o de cuatro nietos (con cada uno de los cuales tendría un 25% de genes en común), o de un número variable, según el grado de parentesco, de hermanos, primos y demás familia.

La cosa se complica cuando se produce un cambio de nivel como los que hemos estado considerando. En estos casos, cierto número de individuos del nivel inferior, los que se van a unir para formar un solo individuo de nivel superior, deben renunciar por completo al egoísmo y adoptar permanentemente una conducta totalmente altruista, puesto que

---

[162] Véase la nota 61.

el individuo de orden superior no podría sobrevivir si cada una de sus *células* buscase su propio y exclusivo beneficio.

Algunos investigadores[163] han llegado a la conclusión de que un cambio de nivel (o, como ellos lo llaman, una transición de metasistema) no podrá ser viable, a menos que todos los individuos que se unen para formar un nuevo organismo de nivel superior, excepto uno solo o unos pocos, renuncien a la capacidad de reproducirse. Sólo así dejaría de actuar sobre ellos la selección natural, pues los individuos que no se reproducen no compiten con los demás, y podría desarrollarse en ellos la conducta altruista.

En realidad, no es difícil encontrar ejemplos asociados a transiciones de nivel en los que esta condición se cumplió realmente. Vamos a ver unos cuantos:

- Cuando varios ácidos nucleicos del primer nivel se unieron para constituir un ser del segundo nivel (una célula procariota) todas las formas diferentes del ARN renunciaron a la capacidad de reproducirse por sí mismos, que sólo el ADN cromosómico conserva.
- Cuando varias células procariotas se unieron para dar lugar a la célula eucariota, los ribosomas, las mitocondrias y los cloroplastos renunciaron a su reproducción independiente, dejándola bajo el control de la célula anfitriona, cuyo material genético está contenido en el núcleo.

---

[163] Véase el artículo de Francis Heylighen y Donald T. Campbell, *Selection of organization at the social level: obstacles and facilitators of metasystem transitions*, publicado en *World futures: the Journal of General Evolution*, vol. 45, p. 181-212, 1995.

- Cuando los seres unicelulares evolucionaron hasta convertirse en pluricelulares, algunos, los más primitivos (como ciertas algas), mantuvieron la capacidad reproductora de cada uno de sus componentes, de modo que un trozo arrancado de uno de estos individuos, incluso una célula única, puede reproducirse hasta regenerar un individuo completo. Algo de esto se observa también en animales relativamente evolucionados, como los equinodermos: si se arranca un trozo de brazo a una estrella de mar, el individuo mutilado lo regenera, pero también el trozo arrancado es capaz de regenerar el resto de la estrella, de modo que al final tenemos dos individuos diferentes donde al principio sólo había uno. Por consiguiente, tenemos aquí una forma (un tanto traumática) de reproducirse. No muy diferente es la capacidad de ciertas plantas de proliferar por medio de esquejes.

Sin embargo, en casi todos los animales y en muchas plantas, no todas las partes del cuerpo son capaces de reproducirse. Al especializarse, la mayor parte de las células renuncian a la reproducción a largo plazo. Algunas (las células madre adultas) la conservan durante la vida del individuo pluricelular, pero no son capaces, por sí solas, de generar otro individuo. Sólo unas pocas, las llamadas células germinales o gametos, mantienen la posibilidad de reproducirse indefinidamente y de generar individuos nuevos, porque se han especializado en esta actividad vital.

- En los pólipos coralinos y los sifonóforos, algunos de los individuos que forman la colonia son capaces de reproducirse, mientras que otros, especializados en otro tipo de actividades (como la digestión o la producción de sustancias urticantes para defender a la colonia), han renunciado a la reproducción.

- En una sociedad de insectos (un hormiguero, un avispero, un termitero o una colmena) la especialización ha llegado al máximo nivel. Todos los individuos que forman parte del ser incipiente de quinto nivel, han renunciado a la reproducción. Todos, excepto los machos y la reina[164], que dedica toda su vida a poner huevos y a veces llega a no poder alimentarse por sí misma. El resto de los miembros fijos de la colonia (obreras, soldados, etc.) son seres neutros, incapaces de reproducirse.

* * *

Veamos ahora el caso de la sociedad humana, de la que, en el capítulo 7, hemos afirmado que se encuentra en camino hacia el quinto nivel. Es evidente que el conjunto de las relaciones humanas muestra toda clase de ejemplos de egoísmo y de altruismo. Más aun: en la mayor parte de los actos humanos, es casi imposible distinguir entre ambas tendencias. Cualquiera de nosotros puede constatarlo, si examinamos nuestras motivaciones profundas sin tratar de engañarnos a nosotros mismos. En una de mis novelas[165] lo he explicado de una manera más gráfica. En el capítulo 18, Marcio Lúculo, uno de los personajes, dice a Flavio Eolio, el protagonista:

El hombre es una extraña mezcla de egoísmo y altruismo. Siempre que hacemos algo bueno, basta mirar atentamente en nuestro interior

---

[164] Estrictamente hablando, los machos tampoco han renunciado a reproducirse. Sin embargo, entre los insectos sociales, los machos no desempeñan ningún papel durante la mayor parte de la vida del superorganismo, fuera del breve lapso asociado con la fecundación de las reinas.
[165] *El sello de Eolo*, Edebé, 2000.

para descubrir motivos grandes y motivos rastreros. Es imposible separarlos. Pero no dejes que esto te deprima. No debes fijarte únicamente en los segundos y despreciar los primeros. Eso sería un error mucho mayor. Acéptate como eres, aprende a vivir contigo mismo.

Es decir, en nuestra conducta se mezclan inextricablemente dos tendencias: la primera, el egoísmo, que la teología católica considera efecto del pecado original, tiende a hundirnos en el cuarto nivel, a impedirnos llegar al quinto. La selección natural tiene tendencia a favorecer este tipo de motivaciones, pues la especie humana no ha renunciado a la reproducción de cada uno de sus miembros. En segundo lugar, nuestras tendencias altruistas abren el camino hacia el quinto nivel, pero se enfrentan al juego de la selección natural, a las tendencias básicas de la evolución, tanto biológica como cultural.

Nos encontramos, pues, ante un dilema. ¿Tendremos que renunciar a la reproducción para alcanzar el quinto nivel de la vida? Antes de responder sí o no a esta pregunta, tenemos que plantearnos tres cuestiones previas:

1. ¿Está demostrado que las tendencias altruistas no pueden surgir espontáneamente por la acción de la selección natural, sin necesidad de que los individuos renuncien a la reproducción?
2. ¿No podría existir otro modo de favorecer las tendencias altruistas frente a las egoístas, que no suponga el abandono de la reproducción individual?
3. Finalmente, ¿cómo sería una sociedad en la que los individuos humanos hubiesen renunciado a la reproducción, cediendo esa función a una casta especializada?

Antes de responder a la primera pregunta, empezaremos constatando que es imposible aplicar directamente el método experimental para hallar respuesta, puesto que los procesos evolutivos son demasiado lentos. La aparición de una especie nueva puede costar un millón de años. No es posible realizar experimentos a gran escala con la evolución biológica. No podemos, por ejemplo, tomar una especie de insectos no sociales (como las abejas solitarias) y provocar la aparición, a partir de ella, de una nueva especie capaz de organizar colmenas.

La evolución cultural es más rápida, pero aun así se necesitarían muchos años para realizar experimentos que, por otra parte, podrían transgredir principios éticos, al realizarse necesariamente sobre seres humanos. Es verdad que algunos experimentos de este tipo se han realizado ya (por ejemplo, en los kibutzim israelíes), aunque sus resultados no siempre han sido los que esperaban los científicos sociales que los diseñaron.

Afortunadamente, existe una rama moderna de la informática, que se llama precisamente *vida artificial*, que permite realizar experimentos rápidos del tipo que nos ocupa, utilizando una técnica, la de los algoritmos genéticos, que simula la evolución biológica dentro del ordenador. Algunos de estos experimentos pueden diseñarse para estudiar los procesos de cambio de nivel que estamos analizando en este capítulo, y permiten arrojar luz sobre los que tuvieron lugar en la Tierra a lo largo de miles de millones de años. En particular, podemos obtener algunos datos que nos ayuden a responder a la pregunta que estamos considerando: *¿está demostrado que las tendencias altruistas no pueden surgir espontáneamente por la acción de la selección natural, sin necesidad de que los individuos renuncien a la reproducción?*

En un experimento de vida artificial realizado por mí y uno de mis colegas[166], hemos analizado precisamente la cuestión de cómo actúa la evolución a dos niveles simultáneamente. Los organismos en cuestión se parecen a las hormigas, pero no son exactamente idénticas. Las llamamos *vants*[167].

Las *vants* viven juntas en hormigueros y exhiben una conducta relativamente compleja. Al nacer, se les asigna una duración de vida prevista, que puede cambiar en función de sus actividades. Inicialmente existe un solo hormiguero, situado en medio de un territorio bidimensional, por el que las hormigas virtuales pueden desplazarse. En ese territorio están desperdigadas cierto número de fuentes de comida, que las hormigas pueden utilizar.

El ciclo de vida de una *vant* es así:

1. Abandona el hormiguero y empieza a buscar comida, moviéndose aleatoriamente por el territorio.
2. Si no encuentra comida, después de cierto tiempo abandona la búsqueda, regresa al hormiguero por el camino más corto y descansa en él algunos instantes. Luego vuelve al paso 1.
3. Si encuentra comida, arranca un trozo y regresa con él al hormiguero por el camino más corto. Al llegar, consume parte de la comida (lo que aumenta la duración prevista de su vida) y deja el resto en el hormiguero.
4. Si en ese momento hay al menos otra hormiga en el hormiguero, y éste contiene una cierta cantidad de comida, ambas pueden reproducirse, dando lugar a la aparición de hormigas nuevas, que heredan los genes de sus padres, salvo por la acción de dos

---

[166] M.Alfonseca, J.de Lara: *Two level evolution of foraging agent communities*, BioSystems, Vol. 66:1-2, p. 21-30, Junio-Julio 2002.
[167] Contracción de las palabras inglesas *virtual ants*, es decir, *hormigas virtuales*.

operadores genéticos: la mutación (un cambio aleatorio de algún gen) y la recombinación (el barajamiento de los genes de los dos progenitores).

5. Tras descansar unos momentos en el hormiguero, la *vant* lo abandona y vuelve por el camino más corto al lugar donde encontró comida la última vez que salió. Si todavía hay comida allí, se aplica de nuevo el paso 3. En caso contrario, la hormiga virtual empieza a buscar aleatoriamente, como en el paso 1.
6. Cuando una fuente de comida se agota, desaparece, pero inmediatamente aparece otra fuente nueva en una posición aleatoria.
7. Cuando una *vant* que sabe dónde hay una fuente de comida, ya sea porque la encontró en un ciclo anterior, o porque en este momento regresa al hormiguero cargada con un trozo, se encuentra con otra hormiga del mismo hormiguero que ignora dónde hay comida, puede actuar de varias maneras, controladas, hasta cierto punto, por sus genes:
    - Puede ignorar a su compañera, negándose a decirle dónde hay comida.
    - Puede comunicar a su compañera la posición donde podría encontrar comida, pero al hacerlo puede decir la verdad o engañarla en diversos grados, enviándola a una posición próxima a la verdadera, a una posición aleatoria o al punto diametralmente opuesto del territorio.
8. A su vez, la *vant* que ha recibido información, puede creérsela o, simplemente, ignorarla. Este tipo de conducta también está controlado, hasta cierto punto, por los genes de la *vant*.
9. Cuando el número de *vants* de un hormiguero rebasa cierto límite, si en ese momento el hormiguero dispone de comida

acumulada en cantidad suficiente, la mitad de las hormigas emigra y construye un nuevo hormiguero.

10. Cuando dos *vants* de distintos hormigueros se encuentran en cualquier punto del territorio, pueden relacionarse de distintas maneras:

    • Ignorándose mutuamente.

    • Si la *vant* más fuerte no lleva comida y la más débil sí la lleva, la primera se la puede quitar a la segunda. La fuerza de una hormiga virtual está relacionada con el lapso de vida que le queda, que está sometido a control genético y es también consecuencia de la cantidad de alimentos que ha ido recibiendo.

    • Si la *vant* más fuerte no lleva comida y la más débil tampoco, la primera puede matar a la segunda y utilizarla como alimento.

11. Cuando una hormiga virtual llega al límite de su lapso vital sin haber podido extenderlo mediante la comida, muere.

12. Cuando el número de *vants* de un hormiguero disminuye por debajo de cinco, el hormiguero desaparece.

Se observará que las hormigas virtuales de un hormiguero compiten a dos niveles por la comida: en primer lugar, contra las *vants* de otros hormigueros, porque la cantidad de comida disponible en un momento dado es limitada, y hay que repartirla entre todos. Pero, en segundo lugar, también compiten contra las de su mismo hormiguero, pues la hormiga que consiga más comida alargará la duración de su vida y tendrá más oportunidades de reproducirse.

Cada ejecución del programa anterior está controlada por cierto número de parámetros que reciben valores aleatorios, por lo que dos ejecuciones consecutivas serán siempre diferentes. Esto permite hacer análisis estadísticos de los resultados. La figura 11.1 muestra un instante durante una de las ejecuciones de este programa de vida artificial. La letra a representa hormigas que no saben dónde está la comida y están buscando. La letra k corresponde a hormigas que saben dónde está la comida y se dirigen allí. La letra b representa las hormigas que regresan al hormiguero con un poco de comida. Finalmente, la letra A representa la posición del hormiguero. Obsérvese que las *vants* que saben dónde está la comida y las que vuelven forman regueros, como las hormigas de verdad.

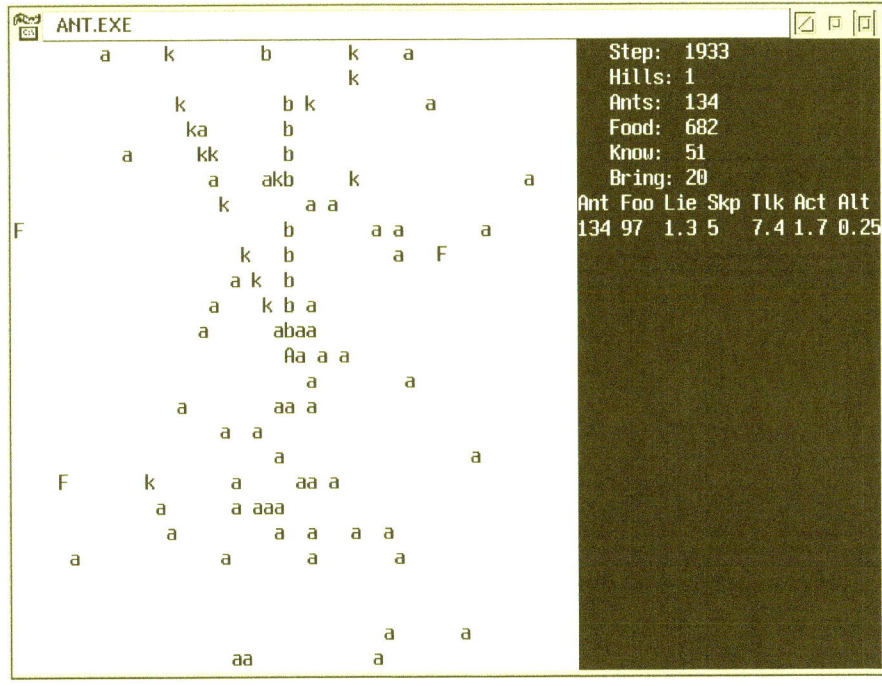

Figura 11.1: Un instante en la simulación de vida artificial.

En lo que aquí nos concierne, los resultados de esta simulación han sido espectaculares. Hemos descubierto, por ejemplo, que mientras existe un solo hormiguero, se selecciona positivamente el rasgo genético que impulsa a las *vants* a mentir a sus compañeras cuando podrían comunicarles dónde se encuentra la comida. Parece evidente por qué ocurre esto: la hormiga que miente se reserva para sí misma la última posición donde encontró comida, por lo que tendrá más posibilidades de volverla a encontrar la próxima vez que visite ese lugar. Si comunica a sus compañeras el lugar donde está, ellas también la compartirán y la comida se agotará antes, por lo que al volver ella podría no encontrarla. En este caso, por lo tanto, la selección natural favorece claramente el comportamiento egoísta.

En cambio, cuando hay varios hormigueros que compiten unos con otros en el nivel superior, la selección natural parece favorecer el comportamiento altruista, haciendo proliferar a las *vants* cuyos genes les impulsan a decir la verdad. También parece evidente por qué ocurre esto: si una hormiga virtual de un hormiguero insiste en su comportamiento egoísta, alargará su propia vida, pero a costa de la de sus compañeras, y en cuanto el número de éstas descienda por debajo de cinco, el hormiguero entero desaparecerá.

Vemos, por tanto, que la selección natural favorece el comportamiento egoísta de los seres del nivel inferior mientras no existan varios individuos del nivel superior, pero en caso contrario favorece el comportamiento altruista. Obsérvese, en todo caso, que las *vants* de nuestro experimento no han renunciado a la reproducción individual, lo que parece indicar que la respuesta a la pregunta que nos hicimos más arriba es negativa. Sin embargo, estos experimentos no son suficientes para llegar a esa conclusión, pues en ellos hemos partido ya de la existencia previa de ambos niveles, el de la *vant* individual y el del hormiguero. Podría ser que la respuesta tuviera que ser afirmativa, si lo que deseamos es provocar la aparición del nivel superior a partir de un entorno en el que sólo existan previamente individuos del nivel inferior.

Además de diversas conclusiones científicas, como las que acabo de describir, mis experimentos sobre la vida artificial me han proporcionado también argumentos filosóficos interesantes. En el año 2000, participé como ponente en la Universidad Autónoma de Madrid en un seminario-debate multidisciplinar sobre *la ciencia y las religiones: perspectivas ante un nuevo milenio*[168]. Durante el debate, otro de los ponentes[169] apuntó el argumento de que, después de Darwin, debemos prescindir del Dios creador tradicional: *El tremendo descubrimiento de Darwin es que la materia es capaz de organizarse por sí sola hasta alcanzar niveles increíbles de complejidad... parece que el concepto tradicional de Dios ya no es válido.*

Este razonamiento no es necesariamente ateo, pero si no se tiene cuidado puede confundirse con una versión débil de otro argumento clásico, que niega la existencia de Dios basándose en que el descubrimiento de la evolución la hace innecesaria, pues el universo habría podido llegar a existir (!) y evolucionar por sí mismo. Dicho argumento tiene una respuesta muy simple, que yo utilicé en el debate:

Desde hace quince o veinte años, se está desarrollando un tipo de aplicaciones informáticas llamadas algoritmos genéticos, que utilizan los mismos mecanismos de la evolución biológica para producir resultados interesantes. Supongamos que yo hago un programa que evolucione, que llegue a producir inteligencia artificial. Un ser inteligente que surgiera de mi programa podría utilizar ese argumento

---

[168] Puede verse una reseña en la revista *Encuentros Multidisciplinares*, Nº7, Ene.-Abr. 2001.
[169] Enrique Romerales.

para demostrar que yo no existo. Como creo que es evidente que sí existo, eso demuestra que el mismo argumento aplicado a Dios tampoco es válido, porque nada impide que Dios haya creado un universo semejante a un algoritmo genético a gran escala y que lo haya dejado evolucionar espontáneamente.

Mis experimentos también podrían arrojar luz sobre otro argumento ateo clásico, que se enuncia así: *¿Cómo se puede compaginar la existencia de un Dios bueno con Auschwitz?* A mí no se me ha ocurrido nunca intervenir activamente en los experimentos de vida artificial para modificar las cosas a mi antojo. No sería una actitud muy científica. Es verdad que el paralelo no es perfecto, porque no creo que se pueda decir que el universo sea un experimento que Dios hace *a ver qué pasa*. De todos modos, pienso que este argumento ateo denota una actitud poco madura, pues no hace otra cosa que intentar echarle a Dios nuestras propias culpas. Como dijo Mark Twain, *hay muchos chivos expiatorios para nuestros tropiezos, pero el más popular es la Providencia.* En todo caso, es curioso que, si la visión cristiana es correcta, Dios sí intervino al menos una vez, desde dentro, a través de la persona de Cristo, y vino precisamente para echarse sobre sí mismo nuestras culpas, para hacer voluntariamente de chivo expiatorio.

* * *

Pasemos ahora a la segunda cuestión: *¿no podría existir otro modo de favorecer las tendencias altruistas frente a las egoístas, que no suponga el abandono de la reproducción individual?* Aun suponiendo que la respuesta a la primera pregunta, en el campo de la evolución biológica, tenga que ser negativa, ¿no se podrían aprovechar las características especiales de la evolución cultural para invertir la situación? ¿No podría ser el hombre una excepción a la regla? ¿Acaso no hemos avanzado ya considerablemente en el camino del altruismo sin necesidad de renunciar a la reproducción?

Existen varias alternativas que podrían favorecer el altruismo frente al egoísmo mediante diversos tipos de control social, ya que el mero control biológico podría resultar insuficiente. Veámoslas:

1. **Control mutuo de los individuos**. Como vimos en el capítulo 8, este es uno de los procedimientos que aplicó Thomas More en *Utopía*: *Todo el mundo te está observando, de modo que te ves prácticamente obligado a seguir con tu trabajo y hacer un uso adecuado de tu tiempo libre*. Lo malo es que este medio de control suele funcionar únicamente en sociedades pequeñas, donde todos se conocen. Imaginemos una ciudad moderna, superpoblada, donde las personas que comparten vivienda en el mismo edificio apenas tienen más relación entre sí que saludarse cuando se cruzan en los descansillos, y que suelen hacer caso omiso de la conducta de sus vecinos.
2. **Control legal y policial**. Como dice el sociólogo Pitirim Sorokin[170], todo grupo organizado establece sus propias significaciones, valores y normas, que luego han de ser impuestas por la fuerza. *[La] congruencia lógica de las normas y acciones... de los miembros nunca es perfecta, pero un mínimo de ellas se encuentra en todo grupo en la medida en que éste sigue siendo un grupo organizado. De otra manera no sería posible grupo organizado alguno*. Este tipo de control, que existe en todas nuestras sociedades, no garantiza que el objetivo de las normas y de los valores sea realmente altruista, aunque normalmente suele serlo en cierta medida. Sin embargo, una sociedad concreta

---

[170] Pitirim A. Sorokin, *Society, Culture and Personality*, 1962.

puede establecer una normativa dirigida a asegurar, no la máxima felicidad para todos sus miembros, sino sólo la de aquéllos que pertenecen a una clase dominante.

Por otra parte, este procedimiento de control da lugar a otro tipo de problemas, como el hecho de que el lenguaje humano es siempre ambiguo en cierta medida, lo que significa que las leyes estarán sujetas a interpretaciones diferentes en distintos contextos. Esto puede resolverse mediante leyes nuevas, que aclaren el significado de las antiguas en diversas circunstancias, pero la solución da lugar a un nuevo problema: el crecimiento sin tasa del *corpus* legal, que puede llegar a hacerse tan grande y complejo que muy pocos son capaces de recordar todas las normas o de comprenderlas. Uno de los efectos indeseados de este tipo de sistema de control puede expresarse así: *el mismo mensaje puede tener distinto significado para quien da la orden y para quien la ejecuta*[171].

Las estructuras de control estrictamente legales tienen la desventaja adicional de que propenden a favorecer la burocracia y la jerarquización de la sociedad, en lugar de su eficiencia. Ni siquiera mejora la situación cuando las leyes se promulgan como resultado de un procedimiento democrático, ya sea representativo o directo (aprobación por medio de referéndum). No hay nada que impida que, cualquiera que sea el procedimiento, llegue a ser aprobada una ley insolidaria, que sólo busque el beneficio de una parte de la sociedad, más bien que el de toda ella en su conjunto, aunque dicha parte pueda llegar a constituir la mayoría de la población.

---

[171] Heylighen y Campbell, véase la nota 163.

3. **Control mediante los mecanismos del mercado libre**. Esta sería la solución típicamente *capitalista*. Ante cualquier dilema, se supone que el interés general debe imponerse a los intereses particulares egoístas a corto plazo, ya que, a la larga, el primero redunda también en beneficio de cada uno de los miembros de la sociedad, en mayor medida que las ganancias a corto plazo que pueden obtener quienes sólo busquen su propio beneficio.

La teoría de juegos es una rama de la investigación que ha alcanzado fuerte auge durante el siglo XX (aunque sus primeros logros se remontan al XVII). Existe un juego bastante sencillo, pero muy útil, que se conoce con el nombre del *dilema del prisionero*, que tiene aplicación a lo que estamos considerando. En dicho juego, se supone que a dos prisioneros, que presumiblemente han sido cómplices en la comisión de un delito, se les ofrece la siguiente alternativa: *Si denuncias a tu compañero, te libras de la cárcel, siempre que él no te denuncie a ti. En ese caso, a él le caerán cinco años de cárcel. Pero si os denunciáis los dos mutuamente, os caerán cuatro años de cárcel a cada uno. Por último, si ninguno de los dos denuncia al otro, tenemos pruebas suficientes para condenaros a dos años de cárcel por un delito menos grave.*

Es evidente que, a largo plazo, la mejor estrategia para ambos prisioneros consiste en no denunciar al otro, porque así se minimiza el tiempo de su permanencia en prisión. Si uno de ellos decide traicionar a su compañero, se expone a que el otro también lo haga, con lo que cada uno de ellos pasaría en prisión el doble de tiempo. Pero si cada uno de los dos prisioneros analiza la situación por separado, llegará a una conclusión muy diferente:

Si mi compañero me delata, mi mejor opción es delatarle a él. Si no lo hago, me caen cinco años; si lo hago, me caen cuatro. Por otra parte, si mi compañero no me delata, mi mejor opción es delatarle. Si lo hago, salgo libre. Si no lo hago, me caen dos años. En ambos casos, me conviene delatarle. Resulta así que el análisis puramente egoísta y racional de la situación llevaría a los dos prisioneros a pasar cuatro años en la cárcel, cuando podían haber salido librados con dos. Aplicado al mercado, esto significa que la solución mejor no tiene por qué ser la que corresponda a un análisis cuidadoso de la situación por cada uno de los participantes.

Por otra parte, el control automático por los mecanismos del mercado supone que los seres humanos actuamos siempre de forma perfectamente racional. Esta suposición, sin embargo, no es cierta. A menudo nos dejamos llevar por los sentimientos y otras tendencias irracionales. Para comprobarlo, basta observar el funcionamiento de la Bolsa, que en teoría está sujeta únicamente a los mecanismos del mercado. A veces se producen fenómenos especulativos, en los que la demanda sube a medida que el precio sube, porque los inversores menos informados suponen que la tendencia no va a cambiar de signo y arriesgan sus bienes para obtener beneficios inmediatos. Parafraseando un manual de consejos para invertir en Bolsa, publicado por una entidad bancaria española: *el inversor no profesional suele vacilar antes de arriesgar su dinero, pero al ver que el precio sigue subiendo, se decide al fin, usualmente en el momento en que el precio alcanza el valor máximo. En cuanto el precio comienza a bajar, se niega a desprenderse de los valores, por miedo a las pérdidas, y sigue resistiéndose hasta que el precio está tan bajo que, desesperado, temiendo perderlo todo, se decide a vender, usualmente en el momento en que el precio alcanza su valor mínimo y comienza a crecer de nuevo.* Naturalmente, de las pérdidas de los inversores no profesionales que actúan así, se nutren las ganancias de los inversores profesionales en Bolsa.

Finalmente, todos sabemos que los mecanismos del mercado libre se pueden frustrar mediante operaciones como la formación de monopolios o *trusts*, que permiten a unos pocos fijar precios y hacer caso omiso del interés general para perseguir el suyo particular. En un libro publicado en 1968, Mancur Olson[172] demuestra que, en ausencia de control alguno, los mecanismos del mercado no son suficientes para asegurar el beneficio colectivo que surge de la cooperación. Su conclusión: siempre es posible que surjan parásitos que se aprovechan astutamente del trabajo de los demás, por lo que es preciso introducir alguna medida coercitiva para evitarlo (lo que hemos llamado *control legal y policial*).

4. **Vigencia de una ley moral**. Este ha sido el procedimiento más utilizado hasta ahora para asegurar la estabilidad de las sociedades humanas, desde las más pequeñas a las más grandes. Normalmente recibe el apoyo de una creencia religiosa, y posiblemente sea el más eficaz de todos los procedimientos de control, pues se trata de favorecer el predominio del comportamiento altruista sobre el egoísta mediante el autocontrol: en el caso óptimo, cada uno de los miembros de la sociedad se controlaría a sí mismo.

---

[172] *La lógica de la acción colectiva.*

En el caso más paradigmático para nuestra civilización, los diez mandamientos de la ley de Moisés, está clara la tendencia altruista de estas normas morales. Así, aunque los tres primeros mandamientos hacen referencia a la relación del hombre con Dios y pueden resumirse en una orden única (*ama a Dios sobre todas las cosas*), los otros siete, que se refieren a la relación de un hombre con su prójimo, le ordenan obedecer a sus padres, hacer justicia a los demás y respetar la vida, la fama, los bienes y la vida conyugal de otras personas, tanto de hecho como de intención, y se resumen también en un solo mandato: *ama a tu prójimo como a ti mismo*.

Se ha hablado mucho de la relatividad de la moral, de que cada pueblo y cada tiempo tiene la suya. Esta conclusión, muy exagerada, ha sido consecuencia del énfasis excesivo puesto por los antropólogos en la moral sexual, que en realidad no es más que uno de los preceptos, precisamente el más variable.

La realidad es muy distinta. En un estudio realizado por el escritor inglés C.S.Lewis, cuyo resultado aparece como apéndice en su libro *La abolición del hombre*[173], se demuestra que ciertas normas morales básicas son comunes a todas las civilizaciones, todas las culturas, incluso las de los pueblos primitivos. Entre esas normas destacan las siguientes, que ilustro con una muestra muy pequeña de las citas recopiladas por Lewis:

- Ley de la beneficencia general: *yo no maté ni ordené matar*[174]; *no hagas a otros lo que no quisieras que te hicieran a ti*[175]; *trata al otro como quisieras ser tratado*.

---

[173] *The Abolition of Man*, 1947.
[174] Egipto, *Libro de los muertos*, trad.A.Laurent, conjuro CXXV.

- Ley de la beneficencia especial: *el afecto natural [por los familiares más próximos] es correcto y acorde con la Naturaleza*[176]; *yo no empleé la violencia con mis parientes*[177].
- Deberes para con los padres, ancianos y antepasados.
- Deberes para con los hijos y la posteridad.
- Ley de la justicia (en los tribunales, en la vida corriente, etc.): *Yo no di falso testimonio*[178].
- Ley de la buena fe y de la sinceridad: *el fundamento de la justicia es la buena fe*[179]; *no traicionarás a quien confía en ti.*
- Ley de la misericordia: *Yo di pan al hambriento y agua al que padecía de sed, di vestido al hombre desnudo y una barca al naufrago*[180].
- Ley de la magnanimidad: *la segunda [clase de injusticia] es no proteger a otro de sufrir daño cuando se puede*[181]; *es mejor morir que vivir con vergüenza*[182].

La conclusión de Lewis es que existe una ley natural, una norma moral común a toda la humanidad, grabada posiblemente en nuestros genes, y que llamamos conciencia. No se trata de un descubrimiento revolucionario: éste había sido el consenso de toda la humanidad hasta el siglo XIX, cuando comenzó a extenderse el relativismo moral.

El relativismo, ya sea moral o intelectual, es auto-contradictorio. Consideremos la frase siguiente: *No existen*

---

[175] Confucio, *Analecta*, trad. de Anne Cheng, V,11.
[176] Epicteto, I.xi.
[177] *Libro de los muertos, Ibid.*
[178] *Libro de los muertos, Ibid.*
[179] Cicerón, *De Off*.I.vii.
[180] *Libro de los muertos, Ibid.*
[181] Cicerón, *Ibid.*
[182] *Beowulf*, 2890.

verdades absolutas. Si esta frase fuese verdadera, se negaría a sí misma, pues tal como está expresada se presenta como el enunciado de una verdad absoluta. Por lo tanto, tiene que ser falsa: es decir, sí existen verdades absolutas. En cuanto al relativismo moral, ha conducido a numerosas contradicciones prácticas. Es curioso que sea precisamente durante el siglo XX, en el que más se ha extendido esta forma de relativismo, cuando también se ha promulgado la validez universal de los derechos humanos, en un ejercicio inconsciente de absolutismo moral.

Pero la ley moral tampoco es suficiente, por sí misma, para asegurar el predominio del altruismo sobre el egoísmo. Esa frase tan frecuente en las entrevistas periodísticas: *no me arrepiento de nada*, no responde a la realidad. Quien la pronuncia miente o se empeña en cerrar los ojos. Todos tenemos que arrepentirnos de muchas cosas, es inevitable. A poco que nos estudiemos a nosotros mismos con sinceridad, somos conscientes de haber fracasado, no una, sino mil veces, en el cumplimiento a rajatabla de nuestros principios, en la adecuación perfecta de nuestra conducta a nuestra conciencia.

Este es el *sentido del pecado*, del que tanto se hablaba antes, y que ahora parece haber desaparecido, aunque sólo en apariencia. Porque en nuestra época, aunque no se le llame pecado, se sigue vilipendiando a quienes se comportan de determinada manera, que se considera insolidaria. Pocos partidarios del relativismo moral se atreven a justificar, por ejemplo, el racismo, el genocidio, la tortura, la esclavitud o la injusticia, desmintiendo así su relativismo, pues en cuanto se acepte el valor absoluto de un solo principio, pierden todo su peso los argumentos en favor de la validez de una ley moral adaptable a cada individuo o colectividad.

Recordará el lector que estábamos tratando de encontrar respuesta a la segunda de las preguntas que nos habíamos planteado: *¿no podría existir otro modo de favorecer las tendencias altruistas frente a las egoístas, que no suponga el abandono de la reproducción individual?* Hemos revisado cuatro métodos alternativos. Ninguno de ellos, por sí solo, parece capaz de asegurarlo por completo. ¿Podría conseguirlo una combinación de los cuatro? Algunos autores, más optimistas, piensan que sí. Yo me permito dudarlo.

* * *

Pasemos ahora a la tercera pregunta: *¿cómo sería una sociedad en la que los individuos humanos hubiesen renunciado a la reproducción, cediendo esa función a una casta especializada?* Ya hemos mencionado la respuesta: la expresa con gran claridad una de las novelas más importantes del siglo XX: *Un mundo feliz*[183], de Aldous Huxley. En la sociedad que describe, la sexualidad ha sido totalmente separada de la reproducción, que se realiza exclusivamente en laboratorios, desde el momento de la fecundación hasta el del nacimiento. Todo el desarrollo embrionario tiene lugar en máquinas gestantes. Nadie conoce a sus padres, hasta el punto de que la palabra *madre* se ha convertido en un término malsonante. La educación de los niños es exclusivamente comunitaria, la familia ha desaparecido. Por otra parte, la sociedad se ha dividido en castas, producidas artificialmente desde la gestación, mediante la administración de ciertas sustancias a los fetos. Sólo la casta superior (los del tipo *Alfa*) puede donar óvulos o esperma para contribuir

---

[183] *Brave New World*, 1932.

a la reproducción. Las demás castas han tenido que renunciar a dejar descendencia.

En palabras de Mr. Foster, uno de los personajes de la novela: *...en la gran mayoría de los casos, la fertilidad es un fastidio. Un ovario fértil por cada mil doscientos sería realmente suficiente para nuestros propósitos*. La sociedad humana que pinta esta distopía es muy semejante a un hormiguero, una sociedad de insectos. La vida en esta sociedad fuerza a sus miembros al conformismo total o al exilio. ¿Es aquí a donde queremos llegar? Sospecho que no. ¿Existe alguna otra salida? A pesar de todo, voy a responder que sí. ¿Cuál? Lo veremos en el último capítulo, pero antes vamos a revisar ciertos descubrimientos recientes, algunos de los cuales podrían apuntar, si no tenemos cuidado, precisamente en la dirección de *Un mundo feliz*.

12. ¿Podremos controlar nuestra evolución?

Como vimos al final del capítulo 6, a partir de la aparición del hombre, la evolución biológica ha sido reemplazada progresivamente por la evolución cultural, mucho más rápida y que admite la hibridación, el intercambio y la diseminación de características, que se dan con dificultad en el campo estrictamente biológico. En los últimos diez mil años, el dominio del hombre sobre la naturaleza ha aumentado a través del control de otras especies biológicas (agricultura y ganadería), de las fuerzas físico-químicas (fuego, electricidad, magnetismo, energía nuclear), de la transmisión y el proceso de la información (comunicaciones, informática) y de su propio cuerpo (medicina).

Durante el siglo XIX, el hombre descubrió la evolución biológica. Poco más de un siglo después, empieza a ser capaz de dirigirla y aprovecharla, actuando directamente sobre los mismos elementos básicos que la evolución natural: el ADN, la información genética. El descubrimiento de los mecanismos que regulan el funcionamiento de los ácidos nucleicos ha provocado la aparición de técnicas nuevas y revolucionarias, que permiten manipular genéticamente a los seres vivos. Estas técnicas pueden reunirse bajo el nombre de *biotecnología* y han dado lugar a la aparición de una nueva industria, la ingeniería genética, con aplicaciones en los campos de la farmacología (producción de medicamentos), la medicina (diagnóstico y tratamiento de enfermedades genéticas) y la biología (sistemática, taxonomía y desciframiento de los genomas de diversas especies de seres vivos, especialmente del hombre).

En este capítulo nos planteamos si la aplicación al hombre de las técnicas de la biotecnología podría dar lugar a un repunte de la evolución biológica, pero ahora en forma artificial, dirigida por la evolución cultural. Esto podría tener como consecuencia la aceleración del proceso que nos lleva hacia el quinto nivel de la vida.

Para poder responder a esta pregunta, y para hacer posibles muchas aplicaciones de la ingeniería genética, era condición indispensable conocer con detalle el genoma (la composición genética) del hombre y de otras especies de seres vivos. En el capítulo 2 mencioné que, en 1976, se obtuvo la secuencia ordenada y completa de las 5375 bases nitrogenadas que forman los nucleótidos del ADN de un virus pequeño, ϕX174. El conocimiento de esta secuencia es importante, pues el código genético nos permite traducirla y descubrir qué proteínas es capaz de generar el virus cuando se aprovecha de la maquinaria de las células a las que parasita, y cuáles son los mecanismos que utiliza para reproducirse y transportarse de célula en célula.

No resulta difícil imaginar que un conocimiento semejante de la secuencia completa de las bases de los cuarenta y seis cromosomas que componen la dotación genética humana sería enormemente útil para diagnosticar, prevenir, e incluso corregir muchas de las enfermedades de transmisión o propensión hereditaria que hoy conocemos (más de cuatro mil, que afectan a uno de cada cien niños nacidos). Algunas de estas enfermedades son tan importantes como la distrofia muscular, síndromes maníaco-depresivos, la enfermedad de Lou Gehrig, la hemofilia, la fibrosis cística, diversas formas del cáncer, la hipertensión, la epilepsia, la inmunodeficiencia y la enfermedad de Alzheimer.

El problema, en el caso del hombre, es la tremenda cantidad de información que hay que obtener y procesar. Cada una de nuestras células tiene cuarenta y seis cromosomas, distribuidos en veintitrés parejas. Uno de los elementos de cada pareja (veintitrés de nuestros cromosomas) lo heredamos de nuestro padre, el otro de nuestra madre. Así pues, todas nuestras células, con excepción de los gametos, las células reproductoras, tienen dotación genética doble (se dice que son *diploides*). En principio, por tanto, basta con obtener la secuencia de bases de veinticuatro[184] cromosomas para conocer el genoma humano completo. Si se estirasen esas veinticuatro moléculas de ADN (están arrolladas en hélice) y se colocaran una a continuación de otra, medirían 2,7 metros.

Se calcula que los veinticuatro tipos de cromosomas contienen entre 20.000 y 30.000 genes, cada uno de los cuales dirige una o varias de nuestras características biológicas. El número total de nucleótidos, y por tanto de bases nitrogenadas (adenina, guanina, citosina y timina) es mucho mayor: se aproxima a tres mil millones. La secuencia de bases, puesta por escrito, llenaría doscientas guías telefónicas o tres años de periódicos diarios. El conjunto de todo este material es el genoma humano.

De esos tres mil millones de nucleótidos, no todos corresponden a genes activos o activables. Existen en los cromosomas humanos numerosas secciones que no pertenecen a ningún gen codificador de proteínas. Algunas de ellas están intercaladas en medio de los genes y por ello se llaman *intrones*. Otras forman largas series repetitivas. Al parecer, estos segmentos constituyen casi el noventa y ocho por ciento

---

[184] Una de las veintitrés parejas de cromosomas, la que determina el sexo, se presenta en el varón en dos formas diferentes, los cromosomas X e Y.

del genoma. Hasta hace poco, esa parte se consideraba inutilizable, pero últimamente parece que podrían existir genes que, en lugar de proteínas, codifiquen ácidos ribonucleicos que actúen directamente dentro de la célula, sin traducirse. También hay que tener en cuenta la existencia del ADN regulador, cuya función consiste en controlar que otros genes próximos se expresen o se inhiban.

Quizá la redundancia e inutilidad del 98% del genoma resulte ser tan falsa como el mito de que sólo utilizamos un 10% del cerebro, que en su día difundieron erróneamente personalidades y entidades de tanto prestigio como Albert Einstein y la Institución Carnegie[185].

En 1984, dos décadas después del desciframiento del código genético, se había logrado obtener la secuencia completa de unos cincuenta genes del hombre, poco más del uno por mil del total. Sin embargo, incluso entonces era ya evidente que la tarea de descubrir la composición completa del genoma humano era sólo cuestión de tiempo, aunque sería necesario realizar un esfuerzo y un gasto considerables. De seguir al ritmo que hasta entonces se había llevado, harían falta siete mil años para completar el trabajo.

Por esas fechas, los expertos en biotecnología y biología molecular comenzaron a hablar en serio de la posibilidad de emprender un gran proyecto con este fin. En cuanto se abordara el proyecto, los avances se acelerarían notablemente, debido a la proliferación de grupos de trabajo dedicados y al desarrollo de técnicas desconocidas en los años ochenta, que sin duda se descubrirían y permitirían obtener secuencias mucho más

---

[185] Véase mi artículo *El mito del progreso en la evolución de la ciencia*, http://www.ii.uam.es/~alfonsec/docs/fin.htm, también publicado con el título *¿Progresa indefinidamente la Ciencia?* en Mundo Científico, pg. 61-67, Mayo 1999.

deprisa y de forma más fiable. Los cálculos más optimistas presumían que el trabajo podía estar prácticamente terminado hacia los alrededores del año 2000.

Los ánimos se fueron inflamando y el interés prendió. Walter Gilbert, de la Universidad de Harvard, que en 1980 recibió el Premio Nobel de Química, precisamente por el desarrollo de un método para la obtención de la secuencia de bases en los ácidos nucleicos, llegó a afirmar que la decodificación del genoma humano es *la biología del siglo XXI*.

La envergadura del proyecto era tan grande, que fueron necesarios muchos preparativos y discusiones para ponerlo en marcha. Por un lado, estaba claro que sería inviable sin la participación importante del gobierno de los Estados Unidos y, quizá, de otros países. Por otra parte, algunos científicos, involucrados en proyectos diferentes, lo consideraban con sospecha, pues temían que la acumulación de recursos en esa dirección significara, como contrapeso, la disminución de los medios disponibles para sus propias investigaciones. Un problema aparentemente trivial, pero que provocó grandes discrepancias, era el lenguaje de ordenador que debía utilizarse para el soporte informático del proyecto. La enorme cantidad de datos que habría que procesar convertía a este apartado en uno de los puntos críticos de la investigación.

En 1987, el Congreso de los Estados Unidos dio el primer paso al aprobar la concesión de diecisiete millones de dólares al Instituto Nacional de la Salud (NIH[186]), para cubrir los gastos asociados a la puesta en marcha del *proyecto Genoma Humano*. Se pensó que el desarrollo de herramientas y metodologías era prioritario, antes que la

---

[186] Siglas de *National Institute of Health*.

localización de los genes y la obtención de las secuencias propiamente dichas, que podrían avanzar mucho más deprisa una vez se dispusiera de esas herramientas. Es decir: el carácter inicial del proyecto iba a ser más tecnológico que biológico.

En febrero de 1988, la Academia Nacional de Ciencias de los Estados Unidos emitió un informe en el que abogaba por el comienzo inmediato del proyecto, aduciendo como justificación, no sólo los beneficios diagnósticos y terapéuticos que su feliz resultado podría tener para las enfermedades de origen genético, sino también los avances tecnológicos considerables que podían preverse como subproducto de una empresa casi tan ambiciosa como la que puso un hombre en la Luna en julio de 1969. Se añadía, no obstante, para acallar las críticas adversas, que el proyecto debía financiarse íntegramente con presupuesto nuevo, sin afectar la financiación de otras investigaciones. Para acelerar su puesta en marcha y disminuir las implicaciones políticas de una negociación internacional, se trataría inicialmente de un proyecto exclusivamente norteamericano, aunque no se excluía invitar la participación de importantes laboratorios extranjeros de investigación.

En 1989 se fundó en Bethesda (Maryland), bajo los auspicios del NIH, el Centro Nacional para la Investigación del Genoma Humano. Su primer director (hasta el 10 de abril de 1992) fue James Dewey Watson, premio Nobel de Fisiología y Medicina en 1962, junto con Francis Crick, por el descubrimiento de la estructura del ADN. Watson se había distinguido entre los más activos organizadores del proyecto.

Por fin, en octubre de 1990, comenzó oficialmente el *proyecto Genoma Humano*, con una duración planeada de quince años y un presupuesto total de tres mil millones de dólares. La fecha prevista para la finalización de los trabajos de la secuenciación del genoma completo era, por tanto, el año 2005. Se trataba de una iniciativa federal, patrocinada por el NIH y asesorada por un panel de expertos externos, con la participación de numerosas empresas privadas relacionadas con la biotecnología, entre ellas algunas de las grandes firmas farmacéuticas y tecnológicas (Du Pont, Pharmacia, Applied Biosystems), así como otras nuevas, como Genentech, Biogen, Genetics Institute, Genomyx, Bios, Genmap, o TransKaryotic Therapies (TKT). Los trabajos se realizaron en diversos centros universitarios y laboratorios de investigación distribuidos por los Estados Unidos, algunos de nueva creación, como el Human Genome Center de California, inaugurado en 1989. También se consiguió la colaboración de entidades privadas y equipos europeos y del Japón, como el Centro de Estudio del Polimorfismo Humano (CEPH) de París. Además, otros países, como Alemania, Japón, Italia y el Reino Unido, pusieron en marcha programas propios de investigación sobre el mismo tema.

Aunque el objetivo final del proyecto era la obtención de la secuencia completa de bases nitrogenadas de todos los cromosomas humanos, incluidos los segmentos de relleno, que no codifican proteínas, no se consideró necesario que los esfuerzos se dirigieran desde el principio en esa dirección. La naturaleza del problema hacía posible buscar metas previas, asimismo útiles pero más sencillas, como la obtención de un mapa del genoma. Este fue el objetivo a corto plazo que se adoptó para los cinco primeros años de la investigación.

Para obtener el mapa, no es necesario conocer la secuencia completa de bases, basta con saber en qué cromosoma se encuentra cada uno de los genes y en qué orden. Esta información parcial permitiría enfocar la investigación sobre los genes anómalos (los que producen o causan propensión a ciertas enfermedades), haciendo posibles algunas de las aplicaciones prácticas con un esfuerzo más pequeño. Para tener una idea de la diferencia, podríamos comparar el mapa del genoma con una representación cartográfica que muestre las ciudades de un país y las calles que hay en cada una, mientras que la serie completa de las secuencias de bases podría compararse con el conjunto de direcciones (calle, número y piso) de todos sus habitantes.

El mapa del genoma humano no es el único que interesa conocer a fondo. Algunos proyectos de investigación se dirigieron a otros seres vivos. El primer éxito lo consiguió el equipo de Charles R. Cantor[187], que obtuvo parte del mapa del genoma de la bacteria *Escherichia coli*, cuyo único cromosoma es diez veces más corto que el cromosoma humano más pequeño. Para obtener el esbozo del mapa y localizar cada una de sus componentes, el cromosoma fue dividido en veintitrés secciones. También se empezó a trabajar desde muy pronto con el genoma del ratón, porque este animal se utiliza frecuentemente en experimentos de laboratorio para investigar sobre enfermedades genéticas. Los resultados se extrapolan luego al hombre.

La técnica utilizada para cartografiar los cromosomas buscaba puntos de referencia, llamados *balizas o marcadores genéticos*[188], asociados a cada cromosoma. El procedimiento es el siguiente: se parte el cromosoma en trozos pequeños por medio de unas enzimas llamadas restrictasas o endonucleasas de restricción, que cortan las cadenas de ADN por secuencias determinadas, y se localiza en cada fragmento una secuencia de bases que no aparezca en ningún otro sitio en el mismo cromosoma. Si los trozos se separan progresivamente por distintos sitios,

---

[187] Entonces en la Universidad de Columbia en Nueva York.
[188] STS, siglas de *Sequential Tag Sites*: posición de marcadores de secuencias.

es posible deducir el orden en que se encuentran los marcadores en el cromosoma.

Una vez obtenidos los marcadores, se puede buscar la posición de un gen determinado, que produzca una enfermedad hereditaria. Para ello, se toman dos personas de la misma familia, íntimamente emparentadas (padres e hijos, hermanos, etc.), una de las cuales tenga la enfermedad, mientras la otra está sana. Se comparan entonces sus cromosomas para encontrar diferencias: se separan las dos cadenas complementarias de cada cromosoma y se permite que se junte una de las cadenas de una persona con la complementaria de la otra. Las zonas idénticas se adaptarán perfectamente, mientras que las que difieren no podrán asociarse como es debido, y el cromosoma presentará una irregularidad en ese punto. Basta entonces localizar entre qué par de marcadores se encuentra el fallo, para saber en qué cromosoma está el gen de la enfermedad y en qué zona del mismo. Para situar los marcadores se utilizan segmentos cortos de ADN, complementarios respecto a ellos, que se adhieren al cromosoma justo donde se encuentra el marcador. Estos segmentos se llaman sondas[189] de oligonucleótidos, y suelen ser radiactivos, para detectar su presencia con facilidad. Las sondas se fabrican hoy automáticamente, en grandes cantidades, con máquinas de genes.

La cosa parece sencilla, pero no lo es tanto, porque entre dos personas de la misma familia pueden existir muchas diferencias, además de la que provoca la enfermedad genética. Es preciso repetir la experiencia con otras parejas enfermo-sano, para eliminar progresivamente las diferencias hasta encontrar la culpable. Además, para que el procedimiento tenga éxito, los marcadores deben estar bien

---

[189] *Probes*, en inglés.

elegidos, pues han de aparecer en la dotación genética de las dos personas, sin que les afecten las diferencias individuales.

Una complicación adicional del problema es la recombinación genética. Al producirse la división celular, a veces un cromosoma se parte en dos o más trozos y vuelve a reconstruirse, pero no siempre se unen los trozos en el mismo orden. Esto puede significar que los marcadores, que en un individuo se encuentran en un lugar determinado, pueden ocupar en otro una posición diferente. También puede suceder que, en el momento de la recombinación, las componentes paterna y materna de los cromosomas intercambien segmentos, barajando la información genética. En consecuencia, la búsqueda de un gen es un proceso muy lento y afecta a docenas de marcadores, que hay que estudiar cuidadosamente de uno en uno.

Así pues, el primer paso para la obtención del mapa genético humano era la localización de un gran número de marcadores estables para cada cromosoma. En el mejor caso, interesaba que los marcadores estuviesen espaciados regularmente, ya que esto facilitaría la búsqueda. La distancia entre dos marcadores (o entre dos genes) del mismo cromosoma se mide en una unidad llamada Morgan[190], que equivale a cien millones de nucleótidos. El objetivo inicial del *proyecto Genoma Humano* era obtener un conjunto de marcadores genéticos separados por distancias no superiores a un centiMorgan (1 cM), es decir, que no haya más de un millón de nucleótidos entre dos marcadores consecutivos. Dado que en el conjunto del genoma humano existen unos tres mil millones de nucleótidos, el número de marcadores necesario se

---

[190] En honor de Thomas Hunt Morgan (1866-1945), premio Nobel de Fisiología y Medicina en 1933, a quien se considera el padre de la Genética moderna, por los experimentos que realizó, principalmente con la mosca de las frutas (*Drosophila melanogaster*).

aproximaba a los tres mil. Al comenzar el proyecto se conocían unos cuatrocientos, lo que equivale a una distancia media entre marcadores de 8 cM. En 1993, el Centro para el Estudio del Polimorfismo Humano (CEPH) en París, en colaboración con el Instituto Pasteur y otras entidades de investigación, anunció la construcción de un mapa de dos mil marcadores genéticos, lo que equivale a una distancia entre marcadores de 1,5 cM.

En 1983, el norteamericano Kary B. Mullis descubrió la *reacción en cadena de la polimerasa* o PCR[191], una técnica que permite obtener tantas copias como se desee de un fragmento determinado de ADN. Este descubrimiento, que le valió la concesión del Premio Nobel de Química en 1993, ha hecho posible la proliferación de análisis de ADN que ha revolucionado la medicina, la justicia y las técnicas de investigación criminal. La reacción es muy sencilla y se basa en una enzima (la polimerasa), que la maquinaria celular utiliza ordinariamente para reparar el ADN dañado. La polimerasa alarga un fragmento de ADN, siempre que éste se asocie a su cadena complementaria, más larga que él. De este modo, si una de las dos ramas de un cromosoma sufre la pérdida de algunos nucleótidos, pero la otra permanece inalterada, la polimerasa hace crecer el trozo dañado, precisamente con la sucesión de bases adecuada para devolverlo a la normalidad.

La reacción en cadena de la polimerasa aprovecha el funcionamiento de esta enzima: se introduce en un tubo de ensayo una o varias copias de una molécula doble de ADN, uno de cuyos fragmentos se desea reproducir. Se añade polimerasa, junto con muchas copias de ciertos oligonucleótidos (moléculas diminutas de ADN), llamados cebadores, que se corresponden con los extremos del fragmento que se

---

[191] Siglas de *Polymerase Chain Reaction*.

desea reproducir. Calentando la mezcla hasta poco menos de 100°C, se consigue que las cadenas complementarias de ADN se separen. A continuación, se hace disminuir la temperatura hasta unos 60°C, lo que permite que las cadenas se apareen otra vez. Puesto que los cebadores son muy abundantes, son éstos los que se acoplan con las cadenas largas. La acción de la polimerasa los extiende, reproduciendo así el fragmento que se quiere copiar. Seguidamente se calienta de nuevo la mezcla y se vuelve a enfriar, con lo que se repite el proceso, pero ahora partiendo del doble de copias del fragmento deseado. Repitiendo el ciclo una y otra vez, en cada etapa se duplica el número de copias del fragmento, lo que da lugar a un crecimiento exponencial que, en pocas horas, puede multiplicarlo por cien mil.

En 1991, el equipo de J. Craig Venter, que entonces trabajaba en el Instituto Nacional de Alteraciones Neurológicas y Apoplejía de Bethesda (Maryland), inventó una técnica que utiliza ácido ribonucleico (ARN) mensajero[192] para identificar segmentos de genes, que después sirven como marcadores en el ADN cromosómico, lo que permite localizarlos con rapidez. El uso de ARN mensajero asegura que los fragmentos corresponden a genes, no a segmentos de relleno, que no codifican proteínas. Además, los genes en cuestión están activos en el momento de ser localizados. Por ello, Venter eligió las células del cerebro, que utilizan gran número de genes diferentes, muchos de los cuales no se usan en el resto del cuerpo. Sus trabajos permitieron obtener marcadores de unos seiscientos genes diferentes, muchos de los cuales ya eran conocidos, aunque más de doscientos eran nuevos. Esta técnica aceleró en varios órdenes de magnitud la localización de los genes, reduciendo proporcionalmente el coste.

---

[192] Ver el capítulo 3.

En 1987, Maynard V. Olson y David Burke descubrieron que era posible insertar en levaduras cromosomas artificiales, formados por ADN sintético, que a partir de ese momento funcionaban como los cromosomas normales de la levadura y se reproducían con éstos. Para ello, un YAC[193] contiene ciertas secuencias muy cortas, extraídas del ADN normal de la levadura, que le permiten engañar a la maquinaria de estos seres unicelulares. El resto del cromosoma artificial puede ser tan grande como se desee, al menos en teoría. En particular, es posible introducir en él un gen humano entero, o una parte de éste. Los YAC se utilizaron con éxito para acelerar la búsqueda del mapa genético humano, aunque después fueron sustituidos por los BAC[194], basados en bacterias, que daban mejores resultados.

Utilizando este método, dos equipos de investigadores consiguieron en 1992 obtener el mapa casi completo de los dos cromosomas humanos más pequeños: el cromosoma Y y el 21, especialmente interesante porque contiene los genes que provocan la esclerosis lateral amiotrófica (enfermedad de Lou Gehrig), la epilepsia mioclónica progresiva, y una forma de la enfermedad de Alzheimer. Además, el síndrome de Down (mongolismo) es consecuencia de la presencia de una copia supernumeraria de este cromosoma en las células de un individuo.

En 1998, una nueva empresa privada lanzó un desafío al proyecto Genoma Humano, poniendo en marcha un proyecto de investigación paralelo e independiente, dirigido al mismo objetivo. La empresa, Celera Genomics, había sido fundada por J. Craig Venter, que había abandonado su trabajo con el NIH para independizarse. Para llevar a cabo sus planes, Venter contaba con aplicar un procedimiento de

---

[193] Siglas de *Yeast Artificial Cromosome*.
[194] Siglas de *Bacterial Artificial Cromosome*.

obtención de secuencias de bases llamado la *perdigonada*[195], que se lleva a cabo a través de los pasos siguientes:

1. Se toman varias copias del genoma que se desea analizar (varios juegos completos de cromosomas).
2. Se dividen los cromosomas en trozos pequeños mediante endonucleasas de restricción, como se ha explicado anteriormente. Las distintas copias de los cromosomas se dividirán por lugares diferentes, por lo que los trozos no serán idénticos.
3. Se obtiene la secuencia de bases de cada segmento mediante máquinas automáticas.
4. Un programa de ordenador compara entre sí las secuencias, buscando zonas comunes. Así se consigue ordenar los trozos y, por tanto, se saca la secuencia de bases del genoma completo.

Desde 1986 existen máquinas automáticas de obtención de secuencias de bases en el ADN. La primera fue diseñada y producida por la empresa Applied Biosystems. El modelo utilizado por Celera acababa de ser desarrollado por la firma Perkin-Elmer, que entró a formar parte de la nueva empresa. Colaborando con Hamilton Othanel Smith[196], y utilizando el procedimiento de la perdigonada, en 1995 Venter logró descifrar el primer genoma completo de un ser vivo del segundo nivel: la bacteria *Haemophylus influenzae*. Pocos meses después, con los mismos métodos, hacía público el genoma de una bacteria más sencilla, *Mycoplasma genitalium*.

---

[195] *Shotgun*, que en inglés significa "escopeta de perdigones".
[196] Premio Nobel de Fisiología y Medicina en 1978 por el descubrimiento de una clase nueva de restrictasas.

La aplicación del procedimiento de la perdigonada aceleró considerablemente la obtención de genomas de diversos seres vivos (véase la tabla 12.1). A partir de 1995, los hitos se alcanzaron cada vez más deprisa. En 1996 se obtuvieron los genomas de la primera levadura (un eucariota unicelular, es decir, un ser vivo del tercer nivel), y de la arqueobacteria *Methanococcus jannaschii*, con lo que ya se tenían genomas de los tres grandes grupos de seres vivos: las arqueobacterias[197] y eubacterias (procariotas) y los eucariotas. En 1997 se publicó el genoma de *Escherichia coli*. En 1998, el del primer animal (el nemátodo *Caenorhabditis elegans*). En el año 2000, una versión parcial del genoma de *Drosophila melanogaster*, la famosa mosca de las frutas o del vinagre, tan utilizada en los experimentos sobre la herencia. Ese mismo año se obtuvo el del primer vegetal, *Arabidopsis thaliana*. En el 2001, el del primer pez, *Fugu rubripes*. En el 2002, el del ratón, y en el 2004 el de la rata.

Entre tanto, la competencia entre el proyecto del gobierno y el de la empresa privada, junto con la aplicación de los nuevos métodos, aceleró considerablemente la decodificación del genoma humano, que superó las previsiones más optimistas. En 1998, los directores del proyecto Genoma adelantaron su terminación prevista al 2003 (en lugar del 2005 inicial), anunciando que para el 2001 se dispondría de un esbozo del genoma completo. Dicho esbozo se publicó en el año 2000, habiendo sido obtenido prácticamente a la vez por los dos participantes en la carrera. El trabajo continuó, sin embargo, y en el 2003 se publicó una nueva versión más completa y exacta, con un máximo de 30.000 errores: en promedio, una base errónea por cada 100.000 nucleótidos (un miliMorgan).

---

[197] Véanse los capítulos 3 y 4.

Año	Organismo	Tipo	Pares bases	Genes	Cromosomas
1976	φX174	virus	5375		
1995	Haemophilus influenzae	bacteria	1,830,121	1,749	1
1995	Mycoplasma genitalium	bacteria	500,000	470	1
1996	Saccharomices cerevisiae	levadura	12,500,000	6,000	16
1996	Molluscum contagiosum vir.	virus		163	
1996	Methanococcus jannaschii	arqueobacteria			
1997	Escherichia coli	bacteria	4,638,858	4,300	
1998	Chlamydia trachomatis	bacteria		900	
1998	Caenorhabditis elegans	nemátodo	97,000,000	20,000	
2000	Neisseria meningitidis	bacteria		2,100	
2000	Drosophila melanogaster	insecto	180,000,000	14,000	
2000	Humano (primer esbozo)		~3,000,000,000	35,000?	46
2000	Vibrio cholera	bacteria		3,885	
2000	Mycobacterium tuberculosum	bacteria		4,000	
2000	Arabidopsis thaliana	vegetal	125,000,000	27,000	
2001	Humano (mapa)				
2001	Staphylococcus aureus	bacteria			

El Quinto Nivel de la Evolución

Año	Organismo	Tipo	Pares bases	Genes	Cromosomas
2001	Fugu rubripes	pez	400,000,000	30,000	
2001	Yersinia pestis	bacteria			
2002	Arroz	vegetal		30,000 a 55,000	
2002	Ratón	mamífero	2,500,000,000		40
2002	Anopheles gambiae	insecto		14,000	
2002	Plasmodium falciparum	protozoo		5,300	
2003	Humano (error 1/100,000)		~3,000,000,000	35,000?	46
2003	Perro (parcial)	mamífero			
2004	Rata	mamífero			
2004	Álamo	vegetal	480,000,000		19

Tabla 12.1. Historia del desciframiento de los genomas

Uno de los problemas clave del *proyecto Genoma Humano* ha sido el tratamiento informático. Por una parte, era preciso formar bases de datos de las secuencias obtenidas, para detectar las nuevas y reconocer si se trata de genes ya conocidos o de información adicional. La búsqueda de las secuencias no es un problema trivial. El número de caracteres del genoma completo (si representamos cada base por un carácter) se aproxima a los tres mil millones, lo que equivale a tres *gigabytes* de información. En 1986, cuando se empezaba a hablar del proyecto, un ordenador personal (IBM PC) tardaba una hora en localizar una secuencia determinada entre las contenidas en una base de datos con cuatro millones de nucleótidos. En 1993, la velocidad de los ordenadores personales se había multiplicado por quince, pero el número de datos disponible había aumentado en la misma o mayor proporción. Sólo a finales de la década se contó con ordenadores muy rápidos, capaces de almacenar gigabytes de información.

Para acelerar el proceso, se buscaron métodos rápidos de comparación de secuencias. En particular, en el proyecto Genoma Humano se utilizó una técnica inventada por investigadores de IBM en los Estados Unidos, que se viene usando en los diccionarios de corrección ortográfica asociados a los procesadores de textos. Este método, conocido por el nombre de FLASH[198], permite localizar con rapidez una secuencia determinada y encontrar otras muy parecidas. En 1988, el autor de este libro sugirió al doctor Julian Davies, del Instituto Pasteur de París, que esta técnica podría utilizarse para almacenar secuencias genéticas.

Las bases de datos informatizadas no sólo pueden servir para identificar secuencias nuevas. También facilitan la construcción de copias de los genes, para su uso en productos farmacéuticos y análisis clínicos. Inicialmente, los modelos de genes conocidos se mantenían en forma de moléculas de ADN conservadas en nitrógeno líquido, pero a medida que el número de genes descifrados aumentaba, esta forma de almacenamiento resultó prohibitiva. Actualmente, las bases de datos se conectan a un sintetizador de ADN, que genera automáticamente la secuencia seleccionada para experimentar con ella.

Una vez secuenciado el genoma humano, ¿qué viene a continuación? Cuando se conoce el genoma de una especie viva, ¿qué se puede hacer con él? Varias cosas:

---

[198] Siglas de *Fast-Lookup Algorithm for Sequence Homology*, algoritmo de búsqueda rápida de secuencias homólogas.

- Si se trata de un microorganismo patógeno, el conocimiento de su genoma permite obtener vacunas o medicamentos dirigidos exclusivamente contra él o contra alguna de las proteínas que utiliza, con lo que no causarían efectos secundarios al paciente. Por eso, entre los genomas obtenidos en primer lugar, abundan los de organismos patógenos, como las bacterias que producen infecciones (*Haemophilus*, *Staphylococcus*), enfermedades venéreas (*Chlamydia*), meningitis (*Neisseria*), intoxicaciones (*Salmonella*) y los organismos causantes de las grandes plagas del pasado (y alguna del presente), como el cólera (*Vibrio*), la peste (*Yersinia*), la tuberculosis (*Mycobacterium*) y el paludismo (*Plasmodium*).

Ya se han obtenido algunas de estas nuevas vacunas, por el procedimiento de insertar genes de los organismos patógenos correspondientes en el virus *Vaccinia*, causante de la viruela vacuna, que fue utilizado por el médico inglés Edward Jenner (1749-1823) para la primera vacuna de la historia, que dos siglos más tarde permitió erradicar definitivamente la viruela humana en todo el mundo. Este éxito movió a los investigadores a considerar que el mismo virus, modificado genéticamente de manera adecuada, podría servir para combatir otras enfermedades. Entre las obtenidas por este procedimiento, la vacuna de la hepatitis B fue la primera que alcanzó el mercado. Tras ella se ha trabajado en vacunas nuevas contra la gripe, la malaria, la rabia o hidrofobia, y el herpex simplex. También podrían construirse vacunas polivalentes, que combinaran en un solo virus antígenos contra distintos microorganismos: se han hecho pruebas con una vacuna conjunta contra la hepatitis B, el herpes simplex y la gripe.

- Se puede introducir en un ser vivo fácilmente manejable en el laboratorio (como la bacteria *Escherichia coli*) un gen perteneciente a una especie diferente (como el hombre) y después se induce a la bacteria a producir en grandes cantidades la proteína correspondiente. El gen se introduce en el interior de la bacteria por procedimientos mecánicos o biológicos, utilizando vectores pertenecientes al primer nivel de la vida (virus o plásmidos). Desde los años ochenta, estos procedimientos se han convertido en la base de la biotecnología, y han permitido sintetizar grandes cantidades de sustancias y medicamentos que antes eran muy escasos o difíciles de obtener, como la insulina humana, la hormona del crecimiento, la eritropoyetina, el interferón, las interleucinas, el activador tisular del plasminógeno (una enzima indispensable para la disolución de los coágulos sanguíneos), la proteína C (un anticoagulante humano que se emplea en el tratamiento de problemas cardiovasculares y de coagulación), la tetraciclina, el factor de necrosis tumoral (que se usa contra los tumores cancerosos), el factor VIII de coagulación sanguínea (cuya falta causa la hemofilia tipo A), y otros muchos.
- Utilizando los mismos procedimientos, se pueden obtener cepas de organismos capaces de realizar diversos trabajos industriales. En 1981 se manipuló genéticamente la bacteria *Pseudomonas putrida* para mejorar su capacidad de degradar el petróleo. En 1983 se trasplantó a *Escherichia coli* un gen originalmente perteneciente a la bacteria *Thermomonospora*, que le permite digerir la celulosa, para utilizarla en la descomposición de los desechos de papel. Ese mismo año se consiguió combinar los genes de dos bacterias diferentes que

dirigen la producción de índigo o añil, que nunca había logrado producirse comercialmente de forma sintética. Ninguna de las dos bacterias de partida era capaz de generarlo, pero la bacteria recombinada sí lo consiguió.

- El genoma de los mamíferos utilizados en el laboratorio (rata, ratón) se puede comparar con el humano, para deducir si los resultados de los experimentos sobre dolencias genéticas realizados con una especie pueden aplicarse a la otra.

- Para organismos de interés económico (como el arroz o la vaca) y para el hombre mismo, el conocimiento del genoma puede permitir encontrar mejores tratamientos para sus dolencias hereditarias. La corrección de defectos genéticos (terapia genética) podría causar una revolución en la medicina, comparable a las que provocaron el descubrimiento de los anestésicos en el siglo XIX y el de los antibióticos en el XX. Muchos defectos genéticos se deben a la ausencia de un gen normal en el ADN de las células de un ser vivo. Si fuera posible reinsertar el gen que falta y conseguir que se exprese adecuadamente en el lugar y momento indicados, el defecto habría sido corregido.

- Es posible diseñar proteínas nuevas para obtener efectos favorables, introduciendo mutaciones arbitrarias en los genes que las codifican y sometiendo las proteínas resultantes a una evolución acelerada en el tubo de ensayo, que seleccione entre todas ellas las que produzcan los efectos deseados. Este procedimiento, que recibe el nombre de *evolución molecular dirigida*, similar al que se utiliza en el ordenador para los experimentos de vida artificial, se ha utilizado ya para obtener aditivos para los detergentes, que evitan que el tinte de las prendas de ropa manche otras telas sometidas al mismo proceso de lavado.

- Finalmente, y por el momento esto es ciencia-ficción, quizá llegue a ser posible mejorar las especies vivas (incluido el hombre) provocando en los embriones mutaciones controladas (que cambien una o más bases en puntos determinados del genoma) o introduciendo en una especie genes pertenecientes a otra. De esta forma, la evolución cultural llegaría a dirigir la evolución biológica mediante procesos equivalentes a la hibridación y el intercambio de características entre especies muy diferentes, liberándola de sus limitaciones inherentes y elevándola, en cierto modo, hasta su propio nivel.

- Un problema en absoluto trivial es la definición de qué se entiende por genoma humano. ¿El genoma de un individuo determinado? ¿Cuál escogeríamos? Para el proyecto de Celera, Craig Venter decidió utilizar su propio ADN. Pero ¿quién es el *hombre medio*? Se sabe que existen diferencias entre las dotaciones genéticas de dos individuos cualesquiera. Seguramente será necesario obtener genomas de varias personas, para compararlos entre sí.

Por otra parte, con el conocimiento de la secuencia de bases, estamos aún muy lejos de haber alcanzado la meta. En primer lugar, hay que localizar todos y cada uno de los genes. Sabemos dónde están muchos de ellos, pero no todos. Después hay que averiguar para qué sirve cada gen, teniendo en cuenta que cada uno puede intervenir en muchos procesos vitales, no sólo en uno. Falta mucho por descubrir: estamos muy lejos de poder dirigir nuestra propia evolución.

Por ejemplo, no tenemos ni idea de lo que habría que modificar para aumentar el altruismo de los seres humanos, porque no sabemos qué relación tiene nuestro comportamiento con los genes. Ni siquiera se sabe si es posible hacerlo. Por consiguiente, tratar de favorecer la aparición del quinto nivel de la vida manipulando nuestros genes es un objetivo, en el mejor caso, lejanísimo. Sin embargo, a la velocidad con que se mueve la biotecnología, quizá estemos allí antes de lo que pensamos. En tal caso, sería bueno ir planteándonos un par de preguntas relacionadas con algunas cuestiones éticas que pueden surgir a este respecto, a las que dedicaremos los dos capítulos siguientes.

13. ¿Debemos controlar nuestra evolución?

Hemos hablado en el capítulo anterior de la posibilidad de que la ingeniería genética nos lleve, antes de mucho tiempo, a diseñar cambios controlados en los embriones. Estos cambios, convenientemente encadenados, permitirían dirigir la evolución biológica de la especie humana por caminos predeterminados, en lugar de dejarlo todo al azar. Por primera vez en la historia de la vida en la Tierra, una especie biológica sería capaz de orientar su propio destino futuro. Esto nos plantea dos preguntas clave. En este capítulo abordaremos la primera: en caso de que fuese posible alcanzar el quinto nivel de la vida mediante manipulaciones genéticas, ¿deberíamos hacerlo o, por el contrario, sería mejor renunciar a ello por motivos éticos? En el capítulo siguiente pasaremos a la segunda, que también es muy importante: ¿existe una ética del quinto nivel?

Empecemos con la primera cuestión, que ya se planteó en la Antigüedad, cuando Platón propuso en *La República* que los mismos métodos utilizados desde tiempo inmemorial para la selección de las razas de los animales domésticos podrían emplearse para mejorar a los seres humanos. Pero fue el científico inglés Francis Galton (1822-1911), primo de Charles Darwin, quien en 1869 acuñó el término *eugenesia*[199]

---

[199] Del griego *eu*, bueno, *geneá*, nacimiento, prole, linaje, origen; en el sentido de *la buena herencia*.

para un ambicioso programa que preveía la selección de las personas que debían emparejarse entre sí, a las que se debía incentivar para tener descendencia, con objeto de llevar al hombre por el camino de la evolución dirigida y mejorar su inteligencia y sus condiciones físicas.

Durante el siglo XX, los principios de la eugenesia tentaron a personalidades como George Bernard Shaw y fueron estudiados, con métodos científicos dudosos, por la Eugenics Record Office (Cold Spring Harbor Laboratory, Estados Unidos, 1910) y adoptados como programa político por asociaciones como la *American Eugenics Society*, fundada en 1926, que sostenía que las clases superiores tienen derecho a serlo, pues sus miembros disfrutan de una dotación genética mejor. Todas estas actividades condujeron, en las primeras décadas del siglo XX, a que treinta estados norteamericanos aprobaran leyes de esterilización obligatoria, aplicables a criminales, subnormales y *degenerados* tales como epilépticos, ciegos, sordos, deformes y otros. Se calcula que la aplicación de estas leyes condujo a la esterilización de unas sesenta mil personas.

Leyes similares fueron aprobadas y aplicadas en Suiza y algunos países nórdicos, pero encontraron un caldo de cultivo óptimo en la Alemania de Hitler, que pasó rápidamente de la esterilización obligatoria[200] a la eutanasia, y utilizó la eugenesia como argumento para el exterminio de homosexuales, gitanos, negros y judíos. En consecuencia, la eugenesia quedó desacreditada en el mundo de la segunda posguerra mundial, aunque resurgió en las últimas décadas del siglo XX, cuando las legislaciones de muchos países pasaron a ser permisivas con el aborto, admitiendo como justificación la detección de defectos genéticos

---

[200] La aplicación de la ley nazi, aprobada en 1933, dio lugar a la esterilización de cientos de miles de personas.

en los embriones. Es curioso el vuelco sufrido por la eugenesia, que adoptada al principio por la izquierda, pasó con Hitler a la extrema derecha, y ahora ha vuelto a convertirse en una de las banderas de la izquierda.

* * *

La ciencia nunca es neutra, desde el punto de vista ético. Un objeto, un descubrimiento en sí, no son buenos ni malos. Sólo los actos humanos pueden serlo. Las herramientas, los descubrimientos científicos, tienden a aumentar el poder del hombre sobre el entorno que le rodea. Es posible usarlos bien, pero también abusar de ellos, porque no son más que instrumentos. Un martillo, por ejemplo, puede utilizarse para colocar una obra de arte a la vista de todos, o para destruirla. Una bomba atómica podría servir para borrar del mapa una ciudad o para desviar un asteroide que amenace estrellarse contra la Tierra, salvando así millones de vidas.

Con la ingeniería genética pasa lo mismo: puede utilizarse como instrumento para obtener efectos beneficiosos, como la corrección de enfermedades hereditarias o del cáncer, la producción más eficaz de alimentos, o la obtención de medicamentos abundantes y baratos, pero también puede poner al hombre en situaciones peligrosísimas. En este capítulo vamos a revisar algunas.

Ciertas manipulaciones genéticas parecen moralmente aceptables. Pensemos en la posibilidad de corregir enfermedades hereditarias, insertando en el paciente el gen del que carece. La cuestión es muy distinta cuando se trata de otro tipo de manipulaciones. Excepto en unos pocos casos aberrantes, la ciencia médica siempre se ha opuesto a los experimentos sobre seres humanos, salvo en situaciones muy específicas y en condiciones estrictamente voluntarias. Ahora vemos surgir en el horizonte científico una eugenesia de nuevo cuño, basada en la manipulación de embriones, para dirigir la evolución biológica de la especie humana mediante la realización de cambios no terapéuticos en su constitución genética. Esta forma de experimentación no puede ser voluntaria, pues las alteraciones serían irreversibles y el sujeto de ellas no estará nunca en condiciones de opinar al respecto.

Esta supuesta *evolución autocontrolada*, ¿quién la controlaría?[201] ¿El hombre? Pero ¿qué es *el hombre* en este contexto? Una idea abstracta que, a menos que resucitemos la teoría platónica, no tiene existencia real. La frase *el hombre controlará su propia evolución* es equívoca, es falsa, si se toma al pie de la letra. Lo que en realidad ocurriría es que algunos hombres controlarían la evolución de otros. Una vez que el problema se expresa en estos, sus verdaderos términos, la cosa está mucho más clara: nadie tiene derecho a modificar la constitución biológica de sus semejantes, como tampoco se debe alterar su modo de pensar, sin su consentimiento. La manipulación genética se convertiría, en este caso, en una versión extremada del lavado de cerebro, potencialmente mucho más peligrosa que éste.

Todas las generaciones humanas han intentado, hasta cierto punto, controlar a la generación siguiente. La educación es un arma poderosa, pero afortunadamente incompleta, pues la libertad humana permite a todo individuo rebelarse contra la manera en que ha sido educado. La manipulación genética es una forma mucho más sutil, que quizá fracasará igualmente, si llega a intentarse, pero que puede proporcionar un control mucho más grande y temible. Recuérdese, una vez más, la novela *Un mundo feliz*, de Aldous Huxley.

---

[201] Juvenal: *Sed quis custodiet ipsos custodes?*, es decir: *¿Pero quién vigila a los vigilantes?*

* * *

Desde su comienzo, hace unas décadas, la ingeniería genética no ha dejado de plantear problemas éticos, posiblemente en proporción mayor que cualquier otra rama de la técnica, presente o pasada. En las páginas que siguen vamos a analizar algunos de ellos, para que nos sirvan de ejemplo ante los problemas aún más complejos que puede plantear la eugenesia embrionaria que se nos avecina y que nos amenaza.

Nuestro primer ejemplo considera la posibilidad de que la manipulación genética de un organismo no humano provoque efectos nocivos sobre la humanidad. Veamos uno de los casos más sencillos: supongamos que cierto experimento inserte, quizá inadvertidamente, el gen de una toxina muy potente en la bacteria *Escherichia coli*, una de las más usadas en el laboratorio. Supongamos que alguna de estas bacterias manipuladas escape del entorno controlado donde se la creó y se extienda entre los seres humanos. Recordemos que *Escherichia coli* vive de forma natural en nuestro intestino en estado de simbiosis (vida en común con beneficios mutuos), aunque a veces se vuelve patógena. La bacteria modificada podría tener alguna ventaja sobre sus congéneres normales, por ejemplo, la resistencia a algún antibiótico. Quizá la diseminación de una bacteria artificial con esas características llegase a provocar una catástrofe epidémica sin precedentes en la historia.

Algunos críticos dicen que los investigadores deben de haberse vuelto locos al escoger precisamente a *Escherichia coli* para realizar experimentos de biotecnología. Otros, sin embargo, afirman que es más seguro, porque sabemos mucho más de esta bacteria que de cualquier otro microorganismo. Se aduce que las cepas K-12 de *Escherichia coli*, que se utilizan en el laboratorio, ya no son capaces de vivir en el intestino humano. Además, se han creado cepas nuevas, con deficiencias genéticas importantes, que no les permiten sobrevivir fuera de las condiciones controladas en que se las mantiene. El argumento tiene peso, pero no es definitivo, pues estas cepas incompletas podrían recuperar la capacidad de sobrevivir recombinando su composición genética con bacterias normales, cosa que ocurre a menudo de forma natural.

Sea como sea, ante la posible magnitud del problema, en 1974 algunos investigadores tomaron la decisión de aplazar temporalmente, de forma voluntaria, varias pruebas que podrían resultar arriesgadas. Una de ellas, especialmente importante, consiste en utilizar el método de la *perdigonada*[202] para dividir todo el ADN de un ser vivo mediante endonucleasas de restricción. A continuación se separan los fragmentos y cada uno de ellos se recombina con un vector (un plásmido o un virus), que se introduciría en una célula determinada de *Escherichia coli*, que a continuación se clona por separado, obteniendo a partir de ella una colonia diferente. Distribuida entre todas las colonias estaría la dotación genética completa del ser vivo de partida, pudiéndose experimentar con ella, cruzar diversas cepas y realizar toda clase de manipulaciones.

En 1975, científicos e investigadores del campo entonces emergente de la ingeniería genética se reunieron en Asilomar para discutir estas cuestiones. En los resultados de la conferencia se basó el NIH (*National Institute of Health*) para elaborar unas normas que permitieran clasificar los experimentos, distinguiendo los más seguros de los más peligrosos (que fueron prohibidos), a través de una escala progresiva de niveles de riesgo y un incremento correspondiente de las medidas de protección física y biológica. Los niveles de riesgo establecidos fueron los siguientes:

---

[202] Véase el capítulo 12.

- **P1: riesgo mínimo**. Se utiliza ADN procedente de organismos no patógenos (plásmidos o virus bacteriófagos corrientes), que se recombinan con *Escherichia coli* de forma natural.
- **P2: riesgos pequeños**. Se utiliza ADN procedente de células embrionarias, de vertebrados de sangre fría y eucariotas inferiores (excepto insectos), de plantas (excepto las que producen agentes patógenos o toxinas), o de procariotas patógenos de bajo riesgo que intercambian genes con *Escherichia coli* de forma natural.
- **P3: riesgos moderados**. Se utiliza ADN procedente de virus de plantas o de procariotas no patógenos que no se recombinan con *Escherichia coli* de forma natural. También se incluyó en este grupo (aunque se exigen mayores medidas de seguridad) el ADN procedente de tejido embrionario de primates, de células cualesquiera de mamíferos y aves, de vertebrados tóxicos o de virus de animales (cuando el ADN recombinado no contiene genes nocivos).
- **P4: alto riesgo**. Se utiliza ADN procedente de células no embrionarias de primates (por su proximidad al hombre), o de virus de animales (cuando el ADN recombinado contiene genes nocivos).
- **Totalmente prohibidos.** El experimento mencionado usando el método de la perdigonada, la liberación en el medio ambiente de organismos manipulados.

Como todas las reglas, las del NIH no dejaron satisfecho a nadie. Muchos investigadores las consideraban exageradamente restrictivas, mientras que para otros pecaban de laxas, pues hay que tener en cuenta que los peligros debidos al mal uso de la biotecnología son gravísimos, y no sólo pueden afectar al hombre (con enfermedades y epidemias hipotéticas), sino a toda la biosfera (desequilibrios ecológicos). Existe, además, el peligro de que estas técnicas puedan conducir a la producción de armas biológicas de destrucción masiva, que podrían caer en manos de organizaciones terroristas.

Algunos llegaron a afirmar, durante una sesión pública organizada en marzo de 1977 por la Academia de Ciencias de Washington, que la cuestión no debería quedar en manos de los científicos, sino alcanzar una dimensión política. Según estos críticos, las investigaciones habrían de estar centralizadas, realizándose las más peligrosas en lugares cuidadosamente escogidos, con fuertes medidas de seguridad. A esto se oponen los investigadores, pues quedarían aislados del resto de los científicos y el coste de los experimentos aumentaría mucho. Por otra parte, se aduce, también los explosivos son peligrosos y propensos a un mal uso, y no por eso se prohíbe su utilización, sino que se regula.

Como consecuencia del debate, algunos estados norteamericanos, el Senado y la Cámara de Representantes, discutieron propuestas de ley para regular la experimentación biotecnológica. La legislación tenía que ser forzosamente provisional, pues a medida que la experimentación progresara aumentarían los conocimientos sobre los riesgos posibles y sería necesario afinarla o corregirla en uno u otro sentido.

Durante una década, las cosas quedaron así, aunque ciertos movimientos ciudadanos se opusieron sistemáticamente por vía legal a todos los pasos que se iban dando en dirección a una mayor liberalización de los experimentos. Estos pleitos consiguieron retardar las pruebas varios años en algunos casos. Sea como sea, las normas se fueron relajando poco a poco, y el 24 de abril de 1987 se realizó la primera liberación en el medio ambiente de un organismo manipulado genéticamente: la bacteria *Pseudomonas syringae*, que en condiciones normales vive en el suelo y sobre las plantas, y es responsable de la aparición de escarcha en las mañanas frías, pues el hielo no puede formarse a menos que encuentre un núcleo de cristalización, que le proporciona esta bacteria y alguna otra especie semejante.

La escarcha tiene efectos nocivos sobre los cultivos y provoca, sólo en los Estados Unidos, unas pérdidas de mil millones de dólares al año. La presencia de las bacterias nucleadoras podría combatirse con estreptomicina, pero no es conveniente rociar las plantas con antibióticos, que podrían tener efectos más desfavorables que la escarcha. Por esta razón, la empresa Frost Technology intentó aplicar un método de lucha biológica sin manipulación genética, poniendo en el mercado un virus bacteriófago que infecta únicamente a estas bacterias. En cambio, la Universidad de California en Berkeley, en colaboración con la empresa Advanced Genetic Sciences, de Auckland (California), manipuló genéticamente a *Pseudomonas syringae*, eliminando los dos genes que le proporcionan la capacidad de servir de núcleo de condensación del hielo.

En realidad, se desconocía cuáles eran las enzimas responsables de ello, pero se descubrieron los genes que dirigen su formación, por el método de cortar en trozos el cromosoma de la bacteria e insertar los trozos uno por uno en *Escherichia coli*, hasta encontrar una colonia capaz de producir hielo. Bastó, por tanto, con eliminar ese fragmento de ADN del cromosoma de *Pseudomonas syringae* para obtener una versión de esta bacteria que no produce escarcha. Las bacterias alteradas, casi idénticas a las naturales, podrían rociarse sobre las cosechas que se desea proteger, justo antes de que sus congéneres silvestres comiencen su ciclo anual.

A pesar de que se trataba de un caso de riesgo bajo (pues a las bacterias no se les ha añadido nada, sólo se les ha quitado), el NIH tardó más de un año en aprobar la primera prueba controlada al aire libre. Existían algunos argumentos sobre posibles riesgos de cambio de clima, dado que las bacterias de esta especie viven también en la atmósfera, arrastradas por las corrientes de aire, e intervienen en la formación de cristales de hielo (nieve). Sin embargo, esto era poco probable, pues no se veía cómo unas células mutiladas podrían tener ventajas genéticas que les permitieran suplantar a sus competidoras normales en áreas muy amplias o, incluso, en todo el mundo, ya que el experimento se realizaría en una zona muy pequeña. Además, ciertas pruebas realizadas por la empresa Monsanto, que alteró una cepa de *Pseudomonas*, insertándole dos genes sin función especial, que sólo las hace fáciles de localizar, comprobaron que las bacterias apenas se mueven de donde se las rocía (no más de 35 centímetros).

Aunque la aprobación se concedió en 1983, la prueba tuvo que aplazarse varias veces debido a los pleitos y apelaciones sucesivas, que lograron retrasarla hasta 1987. En esa fecha se roció un cultivo de *Pseudomonas syringae* alteradas sobre fresales al aire libre. El experimento fue un éxito: las bacterias no se extendieron fuera del área asignada y la temperatura de congelación descendió dos grados.

En octubre de 2004 se anunció el éxito de un experimento clasificado en el nivel de riesgo P4: la reconstrucción artificial del virus que provocó la mortífera epidemia de gripe de 1918. Otras veces se ha prohibido realizar experimentos más peligrosos. En febrero de 1994, el gobierno británico paralizó las investigaciones de la Universidad de Birmingham sobre la inserción de oncogenes (genes que aumentan la propensión al cáncer) en adenovirus (causantes del resfriado común), para después introducirlos en cultivos celulares y estudiar su efecto. Evidentemente, si los adenovirus alterados escapasen del laboratorio, el riesgo podría ser muy grande. La medida parece razonable, a pesar de la protesta de los científicos afectados, que aducían que sus controles de seguridad eran suficientes y eficaces.

* * *

Otro de los problemas éticos importantes relacionados con la ingeniería genética es la concesión de patentes para los seres vivos diseñados por los investigadores. Desde que se desarrollaron las técnicas de la recombinación genética, las empresas del ramo han intentado patentar las diversas cepas de bacterias obtenidas, para asegurarse derechos exclusivos en su explotación. Sin embargo, la administración estadounidense de patentes tenía dudas razonables sobre la conveniencia de conceder una patente sobre un ser vivo, pues la legislación había sido diseñada para proteger los inventos, normalmente construidos con materiales inanimados, y no se veía cómo podía aplicarse a los virus, las bacterias, las plantas o los animales. Estas dilaciones indujeron a las empresas biotecnológicas a recurrir al secreto industrial para proteger sus actividades.

La cuestión es especialmente difícil de resolver, pues los límites entre lo que puede o no puede patentarse no están bien establecidos. Parece evidente que no debería patentarse un gen que exista en la naturaleza, como no se puede patentar un yacimiento de minerales o una estrella nueva, pues su localización no puede considerarse un invento, sino un descubrimiento. Sin embargo, se ha hecho. Por otra parte, se podría argüir que un gen sintético, totalmente nuevo e inexistente en la Tierra, sí cumple las condiciones requeridas para someterse a las legislaciones sobre cuestiones patentables.

Una vez aceptada la posibilidad de patentar genes sintéticos, se planteó la extensión de la patente a los seres vivos que los contienen, que serían genuinamente nuevos, puesto que no existen en la naturaleza. Sin embargo, también esto es discutible, pues continuamente aparecen seres vivos con dotaciones genéticas originales, como resultado de mutaciones espontáneas, y a nadie se le había ocurrido proteger legalmente su uso y explotación. Un problema semejante se presentó en el caso de los híbridos y razas vegetales que mejoran las cosechas. En este campo se alcanzó, ya en 1970, un consenso bastante semejante a las normas sobre la protección de la propiedad intelectual.

En la práctica, el problema se va resolviendo por sí solo a medida que las distintas organizaciones de patentes comienzan a aceptar casos concretos, estableciendo así precedentes históricos. Los primeros casos, los más claros, no describían seres vivos, sino las técnicas utilizadas para su modificación. Fue así como los investigadores estadounidenses Stanley N. Cohen y Herbert W. Boyer patentaron el método para insertar genes en bacterias, mediante la manipulación de plásmidos, descubierto por ellos. Posteriormente se concedió también una patente para las bacterias oleófagas[203] manipuladas, así como a varias razas de plantas construidas mediante manipulación genética, como algunas formas de la patata, el algodón y el tabaco que resisten, respectivamente, a ciertos virus, los herbicidas y los insectos.

En abril de 1988, la oficina de patentes de los Estados Unidos estableció un precedente importante al conceder su protección legal a una raza de ratones obtenida por manipulación genética, pues se había insertado en los óvulos de sus madres un gen humano responsable de la propensión a ciertas formas de cáncer. El *ratón de Harvard*, como se le

---

[203] *Pseudomonas putrida*, que degradan el petróleo.

llamó, sería útil para la investigación del cáncer en el laboratorio. Su caso abrió el camino para que se acepte la patente de toda clase de seres vivos no humanos, lo que, evidentemente, puede tener ventajas, pero también inconvenientes, y posiblemente dar lugar a abusos. De hecho, la patente del ratón de Harvard, actualmente en manos de la multinacional farmacéutica Du Pont, está provocando retrasos e impedimentos en la investigación contra el cáncer, debido a las condiciones impuestas por dicha empresa para autorizar el uso de esa raza de animales de laboratorio.

La fase siguiente del problema, quizá la más espinosa, consiste en decidir si se debe prohibir la patente de genes humanos. En 1992, C. Thomas Caskey, de la Facultad de Medicina de Houston, detectó el gen responsable de la aparición de las circunvoluciones cerebrales en el hombre y trató de patentarlo. Al mismo tiempo, el NIH presentaba tres solicitudes para obtener la patente de un total de 6122 genes humanos. El debate rebasó a la oficina de patentes y provocó la formación de una comisión en el Congreso de los Estados Unidos. En opinión de muchos, la cuestión es evidente: los seres humanos no somos patentables: nadie puede atribuirse derechos especiales sobre otras personas o sobre cualquier parte de su cuerpo, incluidos los genes. Sin embargo, la cuestión es tan difícil de deslindar, que las discusiones continuarán, sin duda, durante mucho tiempo.

* * *

Otro asunto muy importante se refiere al uso de la información sobre el genoma de una persona por entidades ajenas al individuo al que pertenece. Por ejemplo, una empresa podría exigir que un candidato a ocupar un puesto de trabajo se someta a pruebas para determinar si tiene algún defecto genético, haciendo que su contratación dependa de ello.

Este escenario es el que presenta y denuncia la película de ciencia-ficción *GATTACA*[204], cuya acción tiene lugar en un futuro no bien definido, en el que la ingeniería genética ha avanzado tanto, que basta una gota de sangre o un cabello de una persona para obtener, en cuestión de segundos, todos sus datos genéticos, su identidad y su clasificación profesional, que le capacita para realizar cierto tipo de actividades y le prohíbe ejercer otras. Naturalmente, el protagonista consigue engañar al sistema y llega a ser astronauta, una profesión para la que se exige una composición genética perfecta, a pesar de que la suya le había relegado al papel de empleado de la limpieza y le predecía un máximo de vida de treinta años, que por supuesto logra superar.

Las predicciones de *GATTACA* no son tan lejanas como pueda parecer. Las pruebas que las empresas exigen a sus futuros empleados se van complicando progresivamente, sobre todo en los Estados Unidos, donde algunas han llegado incluso a someterles al detector de mentiras. Existen normas que impiden a las empresas rechazar una solicitud de empleo aduciendo la posibilidad de padecer una enfermedad en el futuro, pero estas normas tienen excepciones legales mal definidas. De hecho, se han dado ya casos flagrantes que han llamado la atención de los investigadores sociológicos, que anuncian que el problema de la discriminación genética es inminente.

Por otra parte, los avances de la ingeniería genética son espectacularmente rápidos. A finales de 2003, se anunció la posibilidad de detectar simultáneamente miles de genes anómalos en la constitución genética de una persona, mediante sensores formados por alambres de silicio de 20 nanómetros[205] de diámetro, a los que se liga una molécula de

---

[204] El título de la película es una cadena de siete nucleótidos de ADN.
[205] Un nanómetro es igual a una milmillonésima de metro, es decir, la milésima parte de una micra. 20 nanómetros es el tamaño del virus del resfriado.

ADN diseñada para detectar una mutación concreta. Bastaría mezclar gran número de sensores de este tipo para detectar muchas mutaciones simultáneamente.

En pocos meses, estas técnicas habían avanzado tanto, que en mayo de 2004 investigadores de la empresa Motorola anunciaron la construcción de un laboratorio en miniatura, poco más grande que una tarjeta de crédito, que detecta genes anormales a partir de un mililitro de sangre. El dispositivo consta de tres cámaras: la primera separa las células del resto de la sangre; la segunda las rompe y obtiene copias del ADN que contienen; en la tercera, un conjunto de marcadores de ADN detecta la presencia o la ausencia de los genes buscados, y la delata por medio de señales eléctricas. El laboratorio obtiene resultados en poco más de dos horas. GATTACA está a la vuelta de la esquina.

Otra posibilidad, igualmente sombría, es que las empresas aseguradoras exijan análisis biogenéticos a quienes desean establecer un seguro de vida, y se lo nieguen (o aumenten las cuotas) de quienes tengan algún defecto genético. También se han dado ya ejemplos de esto, como le ocurrió a un hombre que padecía una hemocromatosis hereditaria, que fue tratada con éxito hasta dejarle libre de la enfermedad, lo que no impidió que le negaran el seguro. A veces, la ignorancia de los aseguradores empeora las cosas: otra compañía rechazó conceder un seguro a una persona que padecía la enfermedad congénita de Charcot-Marie-Tooth, que puede causar problemas neuro-musculares, pero no la muerte.

Incluso la utilización de la información biogenética para fines exclusivamente médicos puede tener consecuencias éticas indeseables. Un ejemplo de ello fue la campaña de prevención de la anemia falciforme que tuvo lugar en Grecia en los años setenta. La enfermedad es consecuencia de un defecto genético recesivo, lo que significa que, para padecerla, es preciso heredar el gen defectuoso de ambos progenitores. Como consecuencia del estudio, se detectó la existencia de muchas personas portadoras del gen, pero no de la enfermedad, pues sólo habían heredado el defecto de uno de sus padres. Habiéndose hecho pública la lista de portadores, estas personas se vieron sometidas a discriminación, pues nadie quería casarse con ellas, y tuvieron que buscar pareja entre los individuos pertenecientes a su mismo grupo, lo que aumentó las probabilidades de que sus hijos heredasen la enfermedad. En conjunto, el resultado de esta campaña médica preventiva fue el aumento de los casos de la enfermedad que se trataba de prevenir, por lo que debe considerarse un fracaso completo.

Por otra parte, el hecho de que una persona conozca la existencia de un gen dañado en su propio organismo puede tener efectos psicológicos desfavorables, como la vigilancia continua para ver si se presenta alguno de los síntomas de la enfermedad, con el riesgo de que una prueba preventiva acabe provocando una neurosis.

Por todas estas razones, en 1989, cuando dirigía el Centro Nacional para la Investigación del Genoma Humano, James Dewey Watson decidió asignar un tres por ciento del presupuesto (después se subió al cinco) al estudio de los problemas éticos, legales y sociales que surgirán como consecuencia del conocimiento del genoma humano. Estos problemas aparecen continuamente y empeorarán en el futuro.

* * *

Terminaremos con algunos problemas éticos de rabiosa actualidad, relacionados con la biotecnología, que son objeto frecuente de discusión en los medios de comunicación y en los foros políticos y científicos más importantes.

- **Clonación humana**. Se toma una célula de un ser humano adulto y se le extrae el núcleo. Se toma un óvulo femenino humano, se le extrae asimismo el núcleo y se sustituye por el de la célula adulta, con lo que el óvulo pasa a tener la misma dotación genética completa (diploide) que el adulto del que se obtuvo el núcleo. Es, por tanto, equivalente a un cigoto (huevo fecundado), pero con los genes de otra persona. A continuación se somete el óvulo modificado a diversos procesos químicos y mecánicos que le inducen a dividirse. A partir de ahí, el procedimiento es idéntico al de los bebés-probeta: se implanta el óvulo en el útero de una mujer y se le deja desarrollarse como un embrión cualquiera, hasta el nacimiento de un nuevo ser humano, que por la forma en que ha sido obtenido tendrá una dotación genética idéntica a la del adulto que donó la célula de partida. Se obtendría, por tanto, un clon de dicho adulto. El proceso ha funcionado con éxito en diversas especies de animales.

   Este es otro de los casos en que los medios de comunicación dan con frecuencia una interpretación errónea, que luego resulta muy difícil de erradicar. Se dice a veces, por ejemplo, que mediante la clonación se podría prolongar indefinidamente la vida del individuo. Según esta forma de presentar las cosas, cuando se acerca la muerte, una persona podría hacer fabricar un clon de sí mismo a partir de una de sus células, para prolongar su vida en la del clon.

Esta interpretación es delirante. No cabe la menor duda de que un clon, obtenido a partir de una célula de un ser humano, sería un individuo diferente, a pesar de compartir la misma constitución genética. Lo curioso del caso es que los clones existen desde tiempo inmemorial y de forma natural: son los hermanos gemelos monozigóticos, que surgen cuando un huevo fecundado, en las primeras etapas de su desarrollo, se divide en dos. Cada uno de los trozos sigue desarrollándose a partir de entonces de forma independiente, dando lugar a dos individuos distintos que comparten la misma dotación genética. Es decir, cada hermano gemelo es un clon del otro. Sin embargo, y a pesar de las sorprendentes afinidades de los gemelos, a nadie se le había ocurrido decir que los dos hermanos sean un solo individuo.

Actualmente, y por razones éticas, la clonación humana está prohibida en muchos países, incluida la Unión Europea.

- **Clonación terapéutica**. Se trata de un caso semejante al anterior por las técnicas empleadas, pero que se diferencia en los fines que se buscan. Todo ocurre igual, hasta que el óvulo al que se le ha sustituido el núcleo empieza a dividirse. Entonces, en lugar de implantarlo en una mujer, se le deja dividirse en el tubo de ensayo hasta que llega a tener unas cien células. Finalmente, se separan estas células y se dedican a la experimentación. Se ha dicho que algunas de ellas (las células madre), que son capaces de especializarse y convertirse en células de cualquier tipo (neuronas, células musculares, células del páncreas) podrían utilizarse para corregir ciertas enfermedades de origen genético o degenerativo, como la diabetes o la enfermedad de Alzheimer.

La dificultad ética en todo esto se presenta también con cualquier tipo de experimentación con embriones y tiene mucho que ver con el debate sobre el aborto provocado, del que hablaremos con más detalle en el capítulo siguiente. La cuestión clave se puede reducir a una pregunta: ¿es un embrión un ser humano? Si se responde afirmativamente, es evidente que la experimentación con embriones debería prohibirse, como se ha hecho con todo tipo de experimentación con seres humanos, excepto en casos bien determinados, que siempre deben afectar a personas voluntarias bien informadas.

En cuanto a la posible ayuda que los experimentos con células madre embrionarias podrían proporcionar a personas enfermas, en realidad no se sabe nada: todo lo que hay hasta ahora son suposiciones. Las células madre pueden obtenerse también de personas adultas, incluso del propio enfermo, lo que eliminaría todo peligro de rechazo y no presentaría problemas éticos. De hecho, los experimentos con células madre adultas han obtenido hasta ahora mejores resultados prácticos que los que utilizan células embrionarias. Sin embargo, los medios de comunicación, que han tomado la clonación terapéutica como bandera de un mal entendido *progresismo*[206], suelen pasar por alto las noticias científicas respecto a las células madre adultas, mientras que airean vociferantes cualquier especulación que tenga que ver con las células embrionarias.

Una cuestión que todavía podemos considerar como ciencia-ficción, pero tal vez no por mucho tiempo, tiene que ver con la utilización de estas técnicas para la generación de órganos

---

[206] Véase el capítulo siguiente.

(corazón, hígado, páncreas) que podrían utilizarse para realizar trasplantes a quienes los necesiten. Si se usan células del propio enfermo para producirlos, se evitarían todos los problemas de rechazo que actualmente presentan los trasplantes de órganos. Pero si los órganos se obtienen mediante clonación terapéutica, más bien que a partir de células madre adultas, este avance hipotético presentaría los mismos problemas éticos que acabamos de mencionar.

Hay una pregunta, cuya respuesta podría ayudar a resolver estos problemas: *¿cuándo comienza la individualidad de un ser humano?* Está claro que el huevo fecundado tiene, desde el instante de la fecundación, los mismos cromosomas (la misma herencia, lo que define la individualidad de un ser vivo) que cada una de las células del mismo ser cuando sea adulto. No hay solución de continuidad en el desarrollo, excepto en el caso mencionado de los gemelos idénticos, cuando el grupo de células que procede de un solo cigoto se divide en dos o más partes, cada una de las cuales se desarrolla hasta convertirse en un individuo distinto. A veces, la separación no es completa, por lo que pueden nacer dos individuos más o menos fusionados (hermanos siameses). También existe el caso de las quimeras, cuando dos cigotos diferentes se fusionan y se desarrollan hasta dar lugar a un solo individuo, cuyas células se dividen en dos identidades genéticas diferentes. Pero estos fenómenos sólo ocurren durante las primeras etapas de la división celular. En los embarazos normales, terminan mucho antes de que la madre sea consciente de su estado.

- **Hijos a la carta**. Se trata de utilizar las técnicas de la ingeniería genética y la fecundación *in vitro* para seleccionar el nacimiento de hijos con genomas predeterminados, que podrían servir para resolver problemas a hermanos mayores enfermos. Por ejemplo, se les podría utilizar como donantes de órganos o de médula ósea. En este caso se presentan dos problemas éticos. El primero es mucho más general: ¿se puede utilizar a un ser humano como fábrica de órganos, como simple instrumento subordinado a otro, sin su consentimiento? El segundo es más concreto: para obtener el hijo a la carta, hay que fecundar varios óvulos. Entre los cigotos resultantes, se selecciona el que tiene la constitución genética deseada. Los demás se descartan, con lo que nos encontramos de nuevo con algunos de los problemas planteados por el aborto, la clonación terapéutica y la fecundación *in vitro*.

El hombre no es Dios, pero le gusta jugar a serlo. Esto es muy peligroso, aunque en su papel de *aprendiz de brujo* suele terminar corrido y avergonzado. No es necesario citar ejemplos, pues todos los conocemos, algunos bien recientes, en el mismo siglo XX, de cuyos avances científicos y técnicos estamos tan orgullosos. La manipulación genética, instrumento poderosísimo que la investigación científica ha puesto al alcance del hombre, encierra en sí el potencial de abusos terribles, sin precedentes. Por ello debe estar cuidadosamente controlada, y su utilización fuera de unos límites bien establecidos ha de ser terminantemente prohibida.

14. ¿Cómo será el quinto nivel?

A lo largo de este libro, hemos descrito la evolución de la vida desde el principio del universo, a través de los cambios de nivel que tuvieron lugar sobre la Tierra durante varios miles de millones de años, hasta nuestros días. Nos encontramos ya claramente en el cuarto nivel de la vida (el de los seres pluricelulares) y podemos ver atisbos del quinto en las colmenas, hormigueros y termiteros de los insectos sociales, así como en la sociedad humana. Después hemos hecho notar que el hombre no es una especie animal más, sino que su aparición tiene la trascendencia de un cambio de estado, supone el paso por un punto crítico, a partir del cual la evolución biológica cede su papel primordial de motor de los cambios a una nueva fuerza: la evolución cultural.

En los capítulos 8 y 9 se pudo ver cómo la idea de un quinto nivel de la vida no es nueva, sino que influye en la literatura y la filosofía desde hace más de dos milenios. A continuación, mencionamos que los avances de la tecnología informática y de las comunicaciones acortan aún más las distancias sobre la Tierra, haciendo posible la aparición de una red nerviosa que podría convertir a la humanidad entera en un cuerpo único, dirigido por un sistema nervioso hasta ahora descentralizado, es decir, un cuerpo sin cabeza. Por otra parte, hemos visto cómo el hombre, mediante el desarrollo de la ingeniería genética, puede ya provocar artificialmente alteraciones biológicas hereditarias. Es decir, la evolución cultural no sólo ha reemplazado a la biológica, sino que está a punto de ser capaz de dirigirla.

Ha llegado el momento de recapitular toda esta información, de considerar las posibilidades reales de que llegue a producirse un salto nuevo en la evolución de la vida, y de estimar qué propiedades podría tener ese quinto nivel, hacia el que parece que nos estamos dirigiendo.

La extrapolación más evidente consiste en considerar al ser de quinto nivel como un superorganismo, en el que los seres humanos individuales desempeñarían el mismo papel que las células de nuestro cuerpo. Para que dicho organismo sea viable, debe existir un alto grado de cohesión y solidaridad mutua entre las células humanas, mucho mayor que el que hoy vemos en las sociedades modernas. En el capítulo 11 se vio que existe una contradicción evolutiva entre las tendencias egoístas, favorecidas por la selección natural en el nivel más bajo, y las altruistas, sin las cuales no puede surgir el quinto nivel. Apoyándonos únicamente en la evolución biológica sometida al imperio del azar, parece altamente improbable que el quinto nivel llegue a surgir sin que los seres humanos individuales se vean obligados a renunciar a la reproducción individual, pero esto nos puede llevar a una situación indeseable, semejante a la descrita en la novela *Un mundo feliz*.

Tenemos dos alternativas: la manipulación directa de nuestra evolución biológica, con las técnicas descritas en el capítulo 12 (sometidas, quizá, a restricciones como las apuntadas en el capítulo 13), y la utilización de mecanismos de control diferentes, relacionados más bien con la evolución cultural, que ha pasado a ser predominante en nuestra especie. Hemos visto también que ambas opciones distan de asegurarnos el éxito de la empresa, que existen muchas posibilidades de que el proceso descarrile de una u otra manera. Esto se debe al hecho de que cada uno de los individuos humanos es libre de oponerse al objetivo de alcanzar el quinto nivel. De hecho, todos los seres humanos lo hacemos en algún momento, siempre que ponemos nuestros intereses egoístas por encima del bien común de la humanidad.

Disponemos ahora, al menos, de un criterio que nos permite juzgar los actos humanos, distinguiendo entre aquellos que nos permitirán avanzar en el camino de la evolución (hacia el quinto nivel) y aquellos que se oponen y tratan de impedirlo y de mantenernos en el cuarto. Podemos, al fin, definir sin ambigüedades la palabra *progreso*, que a lo largo de la historia reciente ha servido para apoyar todo tipo de comportamientos, usualmente contradictorios entre sí, y que se han apropiado más o menos indebidamente tantos partidos políticos, tantas escuelas artísticas o científicas.

En efecto, la palabra *progreso*, por sí misma, no significa nada. Es preciso especificar hacia dónde se dirige dicho progreso. Este término está relacionado con el movimiento hacia algún objetivo que se desea alcanzar, por lo que no tiene sentido utilizarlo sin decir cuál es dicho objetivo. Así, si nos encontramos a mitad de camino entre A y B y deseamos ir a B, progresamos si nos movemos en el sentido AB, pero, si deseamos ir a A, el progreso nos obligará a movernos en sentido contrario. Aquí vamos a definir el progreso como cualquier avance por el camino que nos lleva del cuarto al quinto nivel de la vida.

Un acto humano altruista, que ponga el bien de los demás o el de la sociedad entera por encima del bien propio, debería considerarse como un acto digno del quinto nivel de la vida, y por tanto marca un progreso real y mensurable hacia dicho nivel. En cambio, cualquier acción egoísta es un triunfo del cuarto nivel y debe considerarse como un acto retrógrado, que se opone al verdadero sentido de la evolución.

A la luz de este análisis, también podemos atisbar una posible solución a otra de las grandes cuestiones, objeto de debate permanente a lo largo de la historia: ¿existe una ética absoluta, que todos deben aceptar? ¿o, por el contrario, la ética es algo relativo, que depende de cada sociedad o de cada individuo? Con lo que acabamos de decir, es evidente que existen al menos dos éticas diferentes. Una de ellas, la ética del quinto nivel, adopta como criterio moral básico el altruismo, la búsqueda del bien mayor para todos los seres humanos. Será, por tanto, absoluta, igual para todos. La otra, la ética del cuarto nivel, busca por el contrario el bien propio, se basa en el egoísmo. De forma natural, tenderá a ser relativista, pues el bien de un individuo no tiene por qué ser igual al bien de otro.

Un caso particular de la ética del cuarto nivel es la suposición de que *lo que quiere la sociedad es moralmente aceptable*. A pesar de que, al mencionar la sociedad, parece que se adopta un punto de vista basado en el bien de todos, eso no tiene por qué ser cierto. Lo que quiere la sociedad es, en realidad, lo que quiere la mayoría de sus miembros, que puede ser (y, de hecho, a menudo es) la suma de muchos egoísmos. Esto es así, especialmente, cuando los afectados de forma negativa por las decisiones basadas en lo que quiere la sociedad, ni siquiera pueden expresar su punto de vista para defenderse. Eso ocurre, por ejemplo, en algunas de las cuestiones éticas relacionadas con la investigación biotecnológica, de las que hemos hablado en el capítulo anterior, o en la cuestión del aborto provocado.

Utilizando este criterio, examinemos algunas de las cuestiones morales que preocupan al hombre en el presente, o que le han preocupado en el pasado más o menos próximo, y analicemos si se han producido avances en los últimos tiempos, si ha habido retrocesos, y si los unos dominan sobre los otros. Ante cualquier acto humano dudoso, debemos hacernos la pregunta clave de la investigación criminal: *cui bono?*[207], para decidir si se trata de un acto altruista (del quinto nivel) o egoísta (del cuarto).

1. **Los derechos humanos**. Representan un claro avance sobre la situación anterior, pues reconocen que todo ser humano, por el hecho de serlo, es sujeto de ciertos derechos inalienables. A menudo, cuando hablamos de derechos humanos, cuando los enumeramos, nos imaginamos que estamos refiriéndonos a nuestros propios derechos, a lo que podemos exigir de los demás en su relación con nosotros. En sí, este punto de vista es correcto, pero delata tendencias egoístas. Sería mucho mejor si enfocáramos el asunto desde su aspecto altruista: en función del bien de los demás. Para cada uno de nosotros, la lista de los derechos humanos debería representar el conjunto de cosas que *el otro*, por el mero hecho de existir, tiene derecho a exigirnos. En otras palabras: debemos considerar la lista de los derechos humanos como la lista de nuestros deberes para con los demás.

   El primer lugar entre los derechos humanos lo ocupa, lógicamente, el derecho a la vida. Por lo que acabo de decir, cada uno de nosotros debería considerarlo como el deber de respetar la vida de los demás, tanto de forma negativa (*no matarás*), como positiva (*ayudarás al necesitado a conservar la vida*). Ambas versiones son claramente altruistas. En nuestra civilización, la forma negativa ha admitido una única excepción individual (la legítima defensa) y otras dos colectivas (la pena de muerte pronunciada por un tribunal legítimamente constituido y la

---

[207] ¿A quién beneficia?

guerra justa). Más tarde hablaremos de la guerra. Sin embargo, durante el siglo XX, la pena de muerte (forma clásica de la legítima defensa de la sociedad frente a los ataques del individuo) ha pasado a considerarse excesiva, carente de fundamento, pues la sociedad debería ser bastante fuerte para defenderse de un individuo sin recurrir a esta medida. La supresión de la pena de muerte puede verse, por tanto, como una medida altruista, un avance en el camino del progreso hacia el quinto nivel. Lamentablemente, no se trata de un avance universal, pues pervive en los códigos penales de muchos países del mundo.

En su forma positiva, el deber de respetar la vida nos empuja a ayudar a quienes están en peligro de muerte. Esto se aplica especialmente a esa gran parte de la población mundial amenazada por el hambre y las necesidades más perentorias. Se habla con frecuencia del compromiso de que los países ricos dediquen un 0,7% de su PIB para ayudar a los países pobres (compromiso que casi ninguno cumple), y se menciona que una proporción pequeña del gasto mundial en (digamos) armamento, petróleo, etc., bastaría para resolver el problema. Nos pasamos el tiempo vociferando, con razón, contra nuestros gobiernos. Pero ¿no sería más eficaz, ya que dichos gobiernos no actúan, que lo hiciese la iniciativa privada? ¿Cuántos problemas se podrían resolver si cada uno de nosotros entregase un porcentaje razonable de nuestros ingresos netos a organizaciones no gubernamentales serias y de confianza (por ejemplo, los misioneros católicos, como aconseja el economista Xavier Sala i Martín, profesor de la Universidad de Columbia), para que se utilice en ayudar a quienes pasan hambre? No sería preciso un porcentaje muy grande. Probablemente, si todo el mundo aportara un 1 por ciento como mínimo, habría más que suficiente. Que cada uno mire en su propio interior y en sus finanzas, y piense si le sería posible vivir con el 99 por ciento de sus ingresos actuales, o si esa pequeña pérdida de comodidad personal contrapesa la pérdida de tantas vidas.

2. **La igualdad.** Desde la Revolución Francesa hasta nuestros días, la idea de que todos los seres humanos son iguales ha avanzado de manera imparable. En sí misma, esta idea debe considerarse un avance en el sentido del quinto nivel, pues la convicción de ser mejor que los demás por razón de clase, sexo, raza, religión o educación es, obviamente, una actitud egoísta. Hemos de tener cuidado, sin embargo, de dejar claro a qué clase de igualdad nos referimos: se trata de la igualdad de trato y de valor intrínseco, nunca de la igualdad funcional. Como podemos observar si atendemos al paso del tercer al cuarto nivel, y como ya vimos en capítulo 7, *la unión diferencia*[208]. No existen células más distintas entre sí que las que pertenecen al mismo organismo pluricelular. Una célula nerviosa (una neurona) y una célula muscular se diferencian a simple vista entre sí mucho más que una ameba y un alga unicelular.

Por ello, tenemos que llegar a la conclusión de que la postura de algunas feministas radicales, que insisten en la igualdad total de función entre hombres y mujeres, puede estar justificada, como reacción a la situación anterior, en que existía una diferencia esencial de trato y de derechos entre los dos sexos, pero puede llevarse hasta el extremo de rebasar límites

---

[208] Así lo expresó Teilhard de Chardin en *El fenómeno humano*, libro cuatro, capítulo II.1.B, *El universo personalizador*.

razonables, a la luz de los paralelos que acabamos de mencionar. ¿Llegará alguien a exigir que el 50 por ciento de los estibadores sean mujeres? ¿O que debe imponerse una nota de corte diferente entre los chicos y las chicas para el acceso a la universidad, con objeto de que el número de estudiantes de ambos sexos en todas las carreras sea idéntico[209]?

A nadie se le ocurre pensar que la igualdad entre los seres humanos significa que todos deben tener la misma estatura, el mismo color de piel o la misma profesión. Sin embargo, los métodos modernos de enseñanza insisten en que todos los niños deben recibir la misma educación y alcanzar resultados equivalentes. Si este concepto de la igualdad funcional se lleva al extremo, podemos encontrarnos (ha sucedido más de una vez) con que niños que no poseen aptitudes físicas innatas se ven obligados a realizar esfuerzos sobrehumanos para aprobar la asignatura de Educación Física (a veces con resultados trágicos), o que niños incapaces de detectar diferencias de tono musical ven detenido su avance en los estudios por no poder aprobar la asignatura de Educación Musical. Los sistemas actuales de enseñanza presentan muchas deficiencias. Por citar una, deberían ser mucho más diferenciados que los actuales, adaptándose más a la individualidad funcional de cada uno de los estudiantes. Quizá la tecnología haga que esto sea posible en un plazo no demasiado largo.

---

[209] Una decisión así podría suponer que una chica con 8 puntos de nota media no podrá estudiar medicina, porque tiene que dejar su sitio a un chico que sólo ha conseguido un 5. Lo contrario ocurriría, probablemente, en ingeniería informática. Pues bien: una universidad cubana aplica actualmente este sistema absurdo entre los estudiantes que quieren acceder a esta última carrera.

Vivimos en una sociedad más igualitaria que las precedentes, lo que sin duda constituye un progreso. Sin embargo, hay que estar vigilantes para que un exceso de igualitarismo no nos haga retroceder por el camino avanzado. Parafraseando a Aristóteles, *en el término medio está la virtud*.

3. **La propiedad**. El instinto de la propiedad es innato al hombre. Todos necesitamos disponer de algunas posesiones que aseguren nuestra vida y el ejercicio de nuestra profesión. Sin embargo, las tendencias adquisitivas no deben rebasar ciertos límites, dejar paso al ansia de apoderarse de cuantas más cosas mejor, superar con mucho el umbral de nuestras necesidades. La avaricia (uno de los pecados capitales clásicos) ha sido reconocida desde la Antigüedad como una actitud egoísta, contraria al bien de la sociedad. Los avaros han sido ridiculizados en multitud de obras clásicas y modernas[210].

Ante esta situación, muchos autores de utopías han creído poder resolver el problema renunciando por completo a la propiedad privada, a la que consideran el origen de todos los males. Lo hemos visto en el capítulo 8, en *La República* de Platón, la *Utopía* de Thomas More y el marxismo. Pero esta actitud no puede mantenerse, porque se enfrenta a una tendencia innata en el hombre. De hecho, el marxismo no llega a exigir la renuncia a todo tipo de propiedad, tan sólo a la de los bienes productivos.

En el estado actual de nuestro desarrollo, debería buscarse un equilibrio entre las tendencias adquisitivas (egoístas en cuanto se pasa de ciertos límites) y las altruistas. Dicho límite podría

---

[210] Plauto, *La comedia de la olla*; Molière, *El avaro*, etc.

conseguirse si los individuos que acumulan grandes riquezas guardasen para sí mismos una proporción razonable y pusieran el resto a disposición de los que tienen menos de lo necesario. Los Estados han desempeñado cierto papel en esta *redistribución de los bienes* a través de los impuestos, aunque tampoco están exentos de crítica, si despilfarran o utilizan mal los fondos públicos, lo que actúa sobre los contribuyentes como una incitación a eludir la participación en el bien común. Tenemos demasiados ejemplos, antiguos o recientes, de este tipo de conductas, que ya han perdido la capacidad de sorprendernos.

4. **La esclavitud.** Durante la mayor parte de la historia de la humanidad, se consideraba correcto que un ser humano se arrogara derechos de vida o muerte sobre otro y se aprovechara de su trabajo, sin darle nada a cambio, aparte de la manutención de supervivencia, e incluso ésta podía quitársela cuando le conviniese. Ni siquiera nuestra civilización se ha librado de esta lacra, evidentemente egoísta, hasta un pasado bien reciente. En el siglo XVI, con ocasión del descubrimiento y colonización de América, surgió en España una corriente que defendía los derechos de los nativos y se opuso a su esclavización, no siempre con éxito. Sin embargo, sí se admitió, en general, en todo Occidente, la esclavización de los pueblos negros de África. Para justificarla, se puso en duda su carácter de seres humanos, considerándolos como animales.

A mediados del siglo XIX, esta situación se hizo insostenible y desapareció en pocas décadas, al menos de forma abierta, en todos los países de Occidente. En 1845, con la promulgación del *Aberdeen Act*, el Reino Unido declaró la esclavitud fuera de la ley, autorizando a sus barcos a atacar, incluso en aguas jurisdiccionales de otros países, a todo navío, cualquiera que fuese su nacionalidad, que se dedicase, o fuese sospechoso de dedicarse, al comercio de esclavos. En los Estados Unidos, la erradicación de la esclavitud se convirtió en uno de los motivos principales para la Guerra Civil (guerra de secesión del Sur). Es curioso que en los prolegómenos de esta guerra se utilizase el argumento de que la esclavitud no debería ser prohibida, pues habría que dejarla a la conciencia personal de cada cual. Si a una persona no le remuerde la conciencia tener esclavos, es cuestión privada suya, y los demás no deberían meterse en sus asuntos. Es un argumento que se ha utilizado a menudo para defender conductas egoístas, como veremos en seguida.

Es evidente que la abolición de la esclavitud beneficia al hombre en general y sólo perjudica a los que desean aprovecharse de los demás para su propio beneficio. Se trata, por tanto, de un progreso, un avance claro del altruismo frente al egoísmo. Esto es así, a pesar de que se ha dicho que los motivos que llevaron al Reino Unido a tomar medidas activas contra la esclavitud no fueron tan altruistas: la posesión de la India le aseguraba una mano de obra casi inagotable, por lo que no necesitaba esclavos negros y no le convenía que los demás países los tuvieran. ¿Se utilizó un argumento altruista para esconder fines egoístas? Quizá, pero ya hemos hecho notar que en todo acto humano se mezclan casi inextricablemente ambas tendencias. Hay que reconocer, en todo caso, que la abolición de la esclavitud supuso una victoria incuestionable a largo plazo del altruismo sobre el egoísmo.

5. **El racismo y el nacionalismo exacerbado**. Ambos casos están muy relacionados: se trata de sostener la superioridad de una raza, una nación, una cultura, sobre las demás. Es, por tanto, una actitud egoísta colectiva. Es curioso que, en nuestros días, el primero tenga una mala prensa sin paliativos, el segundo no tanta. La defensa de la identidad individual o de grupo es razonable y conveniente, porque las diferencias deben cultivarse, pero su imposición por la violencia evidente o solapada rebasa los límites admisibles.

   A pesar de que, en teoría, a nadie le gusta que le llamen racista, este tipo de actitudes surge de nuevo donde y cuando menos se espera, por lo que es preciso mantener la máxima vigilancia para evitarlas. En cualquier caso, hay que tener en cuenta que algunos de los comportamientos que la prensa o los afectados se apresuran a calificar de racistas, a veces no lo son, ya sea porque se utiliza el término como pretexto o como mero insulto, o porque se confunde el racismo con el choque cultural que, aunque relacionado, es una actitud diferente.

6. **La guerra**. Durante muchos siglos, la guerra ha sido una actividad social bien vista. Sólo recientemente comenzó a surgir un movimiento pacifista, que se ha ido extendiendo por Europa Occidental a lo largo del siglo XX. Sin duda, la guerra, como forma violenta de resolver los problemas entre las sociedades, es en principio una actitud egoísta, por lo que su pérdida de prestigio es un avance indudable hacia el quinto nivel.

   Sin embargo, como en otros casos, hay que tener cuidado con llevar demasiado lejos la postura pacifista. Las guerras justas existen. Nadie ha llegado aún a sostener que las potencias aliadas no deberían haber declarado la guerra a Hitler, cuando éste siguió adelante sin tregua con sus planes para conquistar el mundo, apoyándose en razonamientos racistas. Nadie se atrevió a criticar a los Estados Unidos cuando lanzaron un ataque contra el gobierno de Afganistán, porque éste se negó a entregarles a Ossama Bin Laden, instigador de los atentados contra las torres gemelas. No ocurrió lo mismo, en cambio, con ocasión de la segunda guerra de Irak. Finalmente, fueron los propios pacifistas los que pidieron a voces la intervención de la OTAN en las guerras de la antigua Yugoslavia, primero en Bosnia-Herzegovina, después en Kosovo, ante el genocidio que se estaba cometiendo. La *legítima defensa*, admitida como eximente por todas las legislaciones, se aplica también a nivel social.

7. **El aborto provocado**. Este problema moral ha surgido con especial fuerza a partir de la segunda mitad del siglo XX y continúa en nuestros días. Desde el punto de vista científico, la cuestión del origen de la vida humana está resuelto desde hace más de medio siglo. El consenso biológico puede resumirse en estas tres afirmaciones (compruébese en cualquier texto de biología, o incluso en enciclopedias):
    - La vida de todo ser vivo generado por medio de la reproducción sexual comienza con la fecundación del gameto femenino por el masculino, es decir, con la formación del zigoto. En ese momento aparece un nuevo ser de la misma especie que sus padres, cuya dotación genética (el ADN) es diferente del de sus padres y del de cualquier otro ser vivo de esa especie (excepto en el caso de gemelos idénticos). Este nuevo ser vivo conservará la misma dotación genética desde ese instante hasta su muerte. Por eso se protegen los huevos de las tortugas

marinas y de otras especies en peligro, porque son individuos de esas especies.

- En todas las especies de seres vivos que no pasan por etapas de metamorfosis (lo que incluye a todos los reptiles, aves y mamíferos y, por supuesto, al hombre) no hay solución de continuidad en el desarrollo, desde el zigoto hasta la muerte. Las fases que acostumbramos distinguir en el desarrollo de los seres humanos (embrión, feto, neonato, niño, adolescente, adulto y anciano) son arbitrarias y sin solución de continuidad. Ni siquiera lo es el parto, que anatómicamente consiste en el corte de un vaso sanguíneo (fisiológicamente tiene también otros efectos). De lo que no cabe duda es que, en todas esas fases, de principio a fin, se trata del mismo individuo.

- En todos los mamíferos placentarios (incluido el hombre), la primera fase de la vida del nuevo individuo tiene lugar dentro del cuerpo de la madre. El periodo del embarazo es equivalente y sustituye al desarrollo en el huevo, que en los reptiles y las aves tiene lugar fuera de la madre. En ambos casos, la maternidad tiene lugar en el momento de la fecundación, no en el del parto, que corresponde a la ruptura de la cáscara del huevo.

Este es el consenso de la biología, aceptado por todos los biólogos. Entonces, ¿por qué hay biólogos abortistas? Ya lo hemos dicho: porque siguen la ética relativista, porque afirman que *todo lo que quiere la sociedad es moralmente aceptable*. Porque piensan que la decisión a este respecto no tiene nada que ver con la ciencia, sino con las leyes.

Ante la decisión de realizar un aborto, una mujer debería procurar disponer de toda la información, que a veces parece que se intenta ocultarle. Hay muchas personas cultas que no conocen conceptos biológicos tan elementales como que *un embrión es un ser vivo que pertenece a la especie humana y es diferente del cuerpo de su madre*. Después, en la línea de lo que hemos dicho más arriba, debería plantearse si ese aborto será un acto egoísta o altruista.

Es irónico que los partidarios del aborto tilden de reaccionarios a los defensores de la vida y se califiquen a sí mismos de progresistas, cuando lo que han hecho es retrotraer las cosas al estado en que estaban hace dos mil años en el Imperio Romano, donde el aborto era legal sin restricciones e incluso se permitía el infanticidio hasta 24 horas después del nacimiento. Una reliquia de esto es nuestra legislación actual, que no considera *persona jurídica* al niño recién nacido hasta 24 horas después de su nacimiento. También es curioso que algunos de los argumentos de los defensores del aborto libre sean parecidos a los que utilizaron en el pasado los defensores de la esclavitud.

8. **El suicidio y la eutanasia**. Aunque en Roma, Japón y otras culturas se le tuvo por una salida digna, el suicidio ha sido considerado siempre en nuestra civilización como un acto de cobardía, una manera de eludir las propias responsabilidades, el triunfo extremo del egoísmo sobre el altruismo. El suicida abandona la lucha para librarse del dolor o del deshonor, sin tener en cuenta que, al morir por su propia mano, niega su apoyo a todos aquellos que en el futuro podrían haber necesitado su ayuda.

Recordemos el caso de Kevin Carter, fotógrafo famoso que recibió el Premio Pulitzer por la fotografía de una niña famélica que, observada por un buitre, intentaba llegar al centro de alimentos de un poblado africano. Carter fue muy criticado por haber esperado veinte minutos para tomar la foto, en lugar de ayudar a la niña. Algunos creen que esas críticas pudieron empujarle al suicidio. Tenía 33 años cuando murió. Suponiendo que fuera ése el motivo, ¿no habría sido mejor respuesta que hubiese dedicado el resto de su vida a ayudar a sus semejantes? ¿No habría conseguido, de ese modo, borrar el baldón que, quizá, no pudo superar? ¿Puede dudarse que esa actitud habría sido más altruista y menos egoísta?

Un caso semejante es el de la eutanasia activa, que usualmente se presenta como si fuese un acto de piedad hacia los sufrimientos de una persona enferma, la ayuda al suicidio de alguien que quiere morir, pero que a menudo esconde, como razón oculta, la liberación de los familiares y esa concepción utilitaria de la persona que se ha extendido por el mundo al mismo tiempo que la doctrina de los derechos humanos, en flagrante contradicción con ella. En el caso de la eutanasia infantil, esto es aún más sangrante, pues no puede aducirse este tipo de justificación, ya que a los niños se les mata sin su consentimiento.

No se confunda, sin embargo, la eutanasia activa, que es el acto consciente de dar muerte a una persona, con la pasiva, que consiste en prescindir del encarnizamiento terapéutico: alargar a toda costa, por procedimientos artificiales, la vida de una persona a la que ya le llega la hora de la muerte. De nuevo vemos aquí la contradicción intrínseca de nuestra sociedad, que vacila en el límite entre el cuarto y el quinto nivel, y que al tiempo que preconiza la muerte activa de los que podrían vivir, se opone a dejar morir, por la acción de la naturaleza, a los que ya no tienen otra perspectiva que una vida puramente vegetal. A menudo este encarnizamiento sólo representa el temor del médico a ser objeto de un pleito en que se le acuse de tratamiento defectuoso, es decir, una actitud egoísta, aunque no tanto como la del abogado que aconseja sistemáticamente a los familiares poner pleito a los médicos, para obtener beneficios económicos de la muerte de su allegado.

9. **El consumo descontrolado**. La economía moderna parece convencida de la necesidad del crecimiento positivo para el mantenimiento del nivel de vida de la humanidad. Los defensores del *crecimiento cero* parecen haber perdido la partida desde el brusco colapso del comunismo, que tuvo lugar en 1989, y el subsiguiente triunfo del capitalismo. Sin embargo, el crecimiento positivo sostenible es una falacia. Cualquier matemático sabe que un crecimiento constante, por pequeño que sea (digamos, del 1 por ciento) lleva rápidamente a un aumento exponencial desmesurado. Los procesos naturales no son nunca exponenciales: aunque algunos de estos sistemas aumentan al principio de una forma muy parecida a la de una curva exponencial, en realidad siguen una curva logística que tiende asintóticamente a un valor máximo estable, aunque a veces lo sobrepasa y tiende a él de forma oscilatoria amortiguada. Véase la figura 14.1.

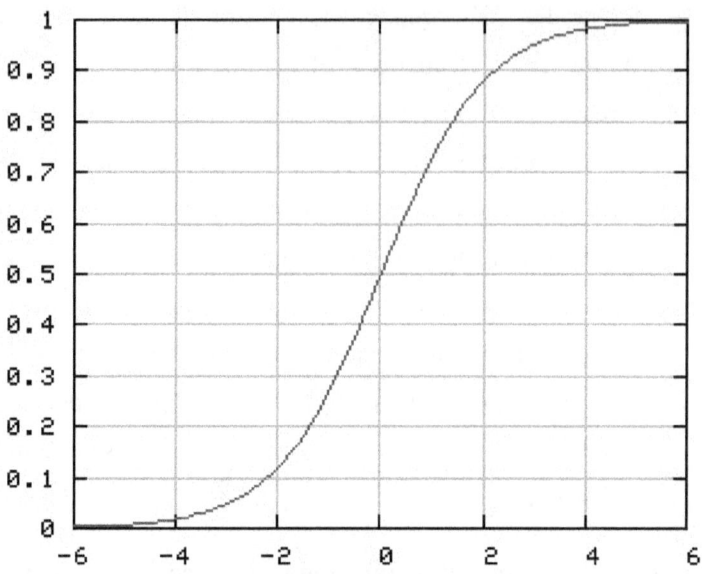

Figura 14.1: Curva logística

Un crecimiento exponencial como el que preconizan los economistas modernos, conducirá inexorablemente al agotamiento de los recursos naturales. Tenemos aquí una actitud puramente egoísta de la generación actual de seres humanos, que busca su propio beneficio a costa de nuestros descendientes. *Cuando el hombre está dominado por el deseo de poseer y disfrutar... consume de manera excesiva y desordenada los recursos de la tierra y de su vida misma. La auténtica civilización es la que utiliza cuanto tiene a su alcance, lo administra y respeta, sabiendo que ha de servir para la generación actual y para las generaciones futuras*[211].

Ni el capitalismo moderno, con su obsesión por el crecimiento exponencial, ni el comunismo derrotado, que

---

[211] Lluís Martínez Sistach, *Desarrollo y ecología,* La Vanguardia, 8 de agosto de 2004.

convirtió Europa del Este en la región más contaminada del globo, con el máximo de efectos nocivos en el accidente de Chernobil (la cumbre del iceberg), están en el buen camino. Ya hemos visto en el capítulo 11 que el liberalismo económico a ultranza y sin paliativos tiende a favorecer al egoísmo sobre el altruismo. Hay que intentar una tercera vía, que tenga en cuenta los intereses de toda la humanidad, actual y futura. Es preciso modificar las teorías económicas para hacer posible el crecimiento cero, tanto en la población mundial como en el uso de los recursos naturales, pues sólo así se podrá garantizar la conservación indefinida de las estructuras económicas hasta que se produzca algún avance tecnológico importante (como la fusión nuclear), tanto para nuestra generación (que ya ve asomar las orejas del lobo), como para las que nos sigan.

* * *

Recapitulemos: del análisis anterior resulta evidente que, en algunas de las cuestiones morales propias de nuestro tiempo, ha conseguido avances la postura altruista, mientras en otras ha habido retrocesos y domina la actitud egoísta. Como siempre, somos un mosaico del cuarto y del quinto nivel, del bien y del mal. Pero tengo la sensación de que, en conjunto y en promedio, vivimos en una época de retroceso. En lugar de aproximarnos al quinto nivel, nos alejamos de él. Para comprobarlo, basta estudiar las estadísticas que confirman el aumento inexorable del número de delitos, en proporción muy superior al incremento de la población. Basta contemplar la pérdida global de valores, del sentido ético de la vida, el predominio generalizado del disfrute a corto plazo que se plasma en el consumo descontrolado, la pérdida progresiva de valor de la vida humana, que tiende a adquirir un sentido puramente utilitario. En todos estos rasgos domina inequívocamente el egoísmo (individual o social) sobre el altruismo.

Si observamos ahora las organizaciones sociales, los partidos políticos, vemos en cada uno de ellos una mezcla semejante. Algunos ponen más énfasis en unos valores, los demás en otros diferentes, pero apenas hay alguna entidad de la que pueda decirse que adopta, en todo momento, en todas las cuestiones que hemos discutido, la defensa de la actitud altruista frente a la egoísta.

Temo que esta evolución nos va a llevar directamente a la catástrofe: una catástrofe anunciada por la mayor parte de los grandes filósofos de la historia del siglo XX: Spengler (el título de su obra, *La decadencia de Occidente*, lo expresa con claridad); Toynbee, para quien nuestra civilización ha rebasado ya la fase de colapso, que habría alcanzado en las dos guerras mundiales; y Sorokin, que detecta en la historia universal una clara alternancia entre épocas idealista y materialista, con colapsos catastróficos al final de la segunda, y no duda de que nosotros nos encontramos ya muy avanzados en esa carrera hacia la autodestrucción social.

* * *

Hemos definido el *progreso* como la medida del avance de la humanidad hacia el quinto nivel, pero no por eso caeremos en la falacia del mito del *progreso indefinido*[212]. Ya hemos citado el símil de Toynbee, que compara el curso de la historia con un vehículo cuyas ruedas, al girar, lo hacen avanzar. Las culturas y civilizaciones ascienden y se colapsan, pero la humanidad, en conjunto y a largo plazo, avanza. Del hecho de que yo piense que vamos avanzando hacia el quinto nivel,

---

[212] Véase el capítulo 8.

no se sigue, en primer lugar, que vayamos a tener éxito (podemos echar por tierra el intento), ni tampoco que vaya a ser un camino de rosas, sin repetidos altibajos y vueltas atrás. He dicho hace un momento que nos encontramos en una época de retroceso. Mañana pueden cambiar las cosas y pasar a una época de progreso. En esto difiero de Teilhard de Chardin, que preveía un avance acelerado y convergente hacia el punto Omega. No veo señales de ello, porque, en mi opinión, el bien y el mal (el altruismo y el egoísmo) avanzan aproximadamente, en promedio, con la misma velocidad. El mismo Teilhard admite que la lucha entre el bien y el mal podría crecer hasta los últimos tiempos. *Pero hay otra posibilidad: Obedeciendo a una ley de la que no hay excepciones en el pasado, el mal puede crecer a la vez que el bien y alcanzar el paroxismo al final en una forma nueva*[213].

Veamos un ejemplo, del que yo mismo fui testigo a través de la televisión. En los años noventa del siglo XX, tuvo lugar una terrible guerra civil en Bosnia-Herzegovina. Cierta noche, el telediario mostró unas imágenes tomadas en Sarajevo. Se veía a la gente andando tranquilamente por la calle. De pronto, un francotirador empezó a disparar desde el tejado de una casa próxima. Inmediatamente, todo el mundo comenzó a correr para guarecerse de las balas. Una señora de unos setenta años resultó alcanzada por los disparos y cayó al suelo gimiendo. La escena era suficiente para hacer perder la fe en la especie humana.

De pronto, al oír los gemidos de la señora, dos o tres jóvenes que huían se detuvieron en seco, volvieron atrás, la recogieron y se la llevaron, poniendo en peligro su vida para salvar a un semejante en peligro. La escena fue suficiente para hacer recobrar la fe en la especie

---

[213] *El fenómeno humano*, libro cuatro, capítulo III.3.

humana. Somos capaces de grandes barbaridades, pero también de grandes heroísmos. El mal crece por momentos, a medida que disponemos de más medios para realizarlo, pero lo mismo ocurre con el bien. La lucha entre el bien y el mal, el altruismo y el egoísmo, el cuarto y el quinto nivel, nos acompañará siempre. No está claro cuál será el resultado final de la contienda, pero aún existen esperanzas.

He dicho que el proceso puede descarrilar. ¿Significa esto que pienso que el quinto nivel de la evolución puede ser inalcanzable? No necesariamente. Pero me temo que nos veremos obligados a afirmar que su subsistencia es prácticamente imposible en un mundo sometido al transcurso del tiempo, pues es el paso del tiempo lo que permite al hombre actuar y moverse en contra del camino de la evolución, si así lo desea. El tiempo y la estabilidad del quinto nivel de la vida son incompatibles. Este último sólo podrá ser viable si, en el instante mismo en que comience a existir, abandona definitivamente el entorno temporal para pasar a la eternidad.

Existe otro motivo que nos lleva a exigir este paso trascendental: aun cuando pudiéramos concebir una sociedad perfecta sin los defectos indicados, aunque los hombres que la formasen fuesen capaces de cambiar y de llegar a ser aptos para pertenecer a ella, aun así su estabilidad no podría durar para siempre: el tiempo mismo actúa en su contra, pues el universo avanza hacia su fin, como un caballo desbocado hacia el abismo. Nos espera, a la larga, la muerte térmica del universo, ya sea en el cero absoluto, si el cosmos es abierto y su expansión continúa indefinidamente, ya a las temperaturas ardientes de un nuevo huevo cósmico, si fuese cerrado. Nada que el hombre pueda inventar podrá detener este proceso, porque el segundo principio de la termodinámica y la ley de la gravitación están inextricablemente ligados a la trama del universo, del que nosotros formamos parte. Es imposible cambiarlos desde dentro. En consecuencia, también nuestras sociedades perfectas imaginarias, ya sea la utopía de More, la marxista, la *cientificista* o la ecologista, si llegaran a existir, estarían, como cada uno de sus miembros, condenadas a morir.

Desde un punto de vista estrictamente racional, el fin del universo convierte en fútil todo esfuerzo por alcanzar una sociedad perfecta, a menos que se admita una salida, un paso a la inmortalidad. De lo contrario, todos esos esfuerzos no servirán para nada, pues nadie los recordará, ni quedará huella de ellos en un universo que habrá desaparecido para siempre. Desde la hipótesis de la destrucción total a la larga, sólo están justificados racionalmente el quietismo (abstenerse de todo esfuerzo) o el egoísmo (abstenerse de todo sacrificio, excepto para obtener un bien más grande para uno mismo).

Los sacrificios que hacemos se dirigen siempre a asegurar algún bien para nosotros mismos o para los demás, o a mejorar los recuerdos que dejemos en otros después de nuestra muerte. Pero si todos, sin excepción, desapareceremos sin dejar rastro ni memoria en consciencia alguna, si estamos condenados a la larga al olvido, ¿qué importancia tiene el sufrimiento de los demás, por qué aliviarlo, si el universo entero se olvidará de ello, si llegará a ser como si nunca hubiese ocurrido?

Esta forma de ver el mundo se está extendiendo cada vez más en alas del ateísmo, por nuestra decadente civilización. Basta leer a tantos críticos de arte, de cine, de literatura, que sólo alaban las obras nihilistas, desesperadas, mientras hacen caer el peso de su desprecio sobre cualquiera que intente presentar una visión más optimista del mundo en que vivimos.

Discrepo por completo de esta visión de las cosas. Para mí, la vida es maravillosa, no me asquea ni deseo huir de ella, ni la encuentro banal, angustiosa o aburrida. Por otra parte, esta postura nihilista puede ser, en gran parte, una pose. A mi parecer, los hechos demuestran que, en la práctica, existen muy pocos materialistas filosóficos[214] en el mundo. Consciente o inconscientemente, todos creemos que algo podrá salvarse de la destrucción absoluta: todos esperamos la inmortalidad.

* * *

Después de este largo recorrido, podemos ya tratar de describir las propiedades que debería tener un ser que pertenezca al quinto nivel de la vida. Comenzaremos preguntándonos si puede haber varios.

La tecnología moderna ha evolucionado hasta tal punto, que la Tierra se nos ha quedado pequeña. Hoy es tan fácil llegar de un extremo al otro del planeta como lo era para nuestros antepasados no demasiado lejanos viajar a la capital de su provincia. Nos guste o no, la sociedad del futuro está abocada a ser mundial, a cubrir toda la Tierra (esto es lo que llamamos globalización). En el futuro, sin duda llegaremos a ser una sociedad única. No habrá, por consiguiente, de haber alguno, más que un ser de quinto nivel.

La tendencia a la unificación social es tan grande que podemos prever que, aun en el caso de que existan inteligencias extraterrestres, y si logramos ponernos en contacto con ellas, todas llegarán a unirse unas con otras (y con nosotros, si sobrevivimos), de modo que, al final de una

---

[214] No debe confundirse el *materialismo filosófico*, que sostiene que sólo existe el universo y lo que contiene, con el *materialismo metodológico*, que forma parte del método científico, y que consiste en suponer, cuando se realiza un experimento, que sólo intervendrán en él causas naturales, excluyendo toda intervención sobrenatural, pero sin negar su posible existencia.

larga evolución, quizá de miles de millones de años, se formará una sociedad cósmica única. De ella, si esto llega a suceder, podría surgir el ser de quinto nivel.

¿Cuál será el papel de un ser humano concreto cuando se haya convertido en una célula de este ser? ¿Hay algún tipo de sociedad que, ahora mismo, se acerque a la idea que podemos hacernos del quinto nivel de la vida?

Se puede eliminar, como elemento de comparación, a la masa, la multitud, y otras pluralidades desorganizadas. Es preciso reducirse al estudio de grupos bien definidos, provistos de organización interna clara, si hemos de dar crédito a los indicios que nos proporcionan los ejemplos extraídos de otros niveles del movimiento evolutivo.

También podemos prescindir de aquellas sociedades que, aunque bien organizadas, consiguen la unidad por medios coercitivos. Sabemos que un referéndum realizado en un país sometido a un gobierno dictatorial alcanza casi siempre porcentajes de aprobación que se aproximan a la unanimidad, pero no debemos confundir unidad con unanimidad, especialmente si esta última es forzada. ¿Acaso nuestra sociedad perfecta tendría que ser una dictadura? Esto nos obligaría a llegar a la conclusión de que, después de todo, no vamos hacia la utopía, sino hacia la distopía. Por otra parte, una sociedad basada en la tiranía no puede durar para siempre. Más pronto o más tarde, la libertad humana se rebelará contra la opresión y la echará abajo.

A lo largo de la historia, el dilema de la importancia relativa del individuo y de la sociedad se ha planteado una y otra vez. Para el materialismo filosófico, la sociedad debe ser más importante: tiene la ventaja del tamaño y de la duración. El problema parece equivalente a la comparación entre la importancia relativa del animal y de cada una de sus células. En este caso, no hay duda: la célula ha de sacrificar a veces su propia vida en aras del bien del ser de nivel superior. Si se niega a ello, si actúa por su cuenta, desencadena un cáncer que, a la larga, destruye a la colectividad y, con ella, al mismo individuo que originó la rebelión y a sus descendientes.

Si se cree, por el contrario, que los seres humanos individuales somos inmortales, los datos del problema cambian: la comparación con la célula y el animal deja de ser aplicable. En tal caso parece evidente que el individuo sería incomparablemente más importante, puesto que es inmortal, mientras que ninguna de nuestras sociedades lo es. La ventaja de la duración está de su parte.

Pero ahora nos enfrentamos con una situación donde los dos términos de la comparación, célula humana y ser de quinto nivel, pueden ser simultáneamente inmortales. Porque, si nuestra utopía es verdadera, si el quinto nivel de la vida logra atravesar la barrera del tiempo, nosotros, sus células, pasaremos con él. La inmortalidad individual quedaría asegurada al mismo tiempo que la colectiva. ¿Quién es entonces más importante?

El dilema es falso. Las células son importantes porque el todo lo es, y viceversa. Ni el individualismo ni el colectivismo nos dan la solución al problema. Hay que buscar una tercera vía.

Existe en el mundo actual un tipo de sociedad que se acerca, aunque imperfectamente, a alcanzar esa compaginación, esa incorporación del bien de los individuos y el de la colectividad. Se trata de la familia, en la que cada miembro ocupa un lugar diferente e irreemplazable, un lugar, por decirlo así, orgánico. Nadie es intercambiable por otro. Ninguno se confunde con los demás. Nadie es innecesario: una familia en la que falte alguno de sus miembros es incompleta, como un cuerpo mutilado, al que le falte un órgano. Entre todos los miembros se establecen fuertes relaciones de dependencia.

La unidad del grupo familiar, la solidaridad conjunta de sus miembros, puede ser, y a veces es, muy grande. Es en el seno de la familia donde se dan los mayores ejemplos de altruismo. Es también allí donde el ejercicio del egoísmo resalta más desagradablemente. La conclusión de todas estas consideraciones es evidente: la familia es la estructura social que más se acerca, aquí y ahora, al ser de quinto nivel.

La familia, sin embargo, no es una sociedad perfecta. El ser humano no puede renunciar definitivamente, en este mundo, a su egoísmo. Además, la sociedad familiar vive en el tiempo, lo que la hace inestable. Los hijos crecen, abandonan la casa y forman sus propias familias. Sin embargo, sabemos cuál es el vínculo que mantiene unida a esta sociedad, cuál es la fuerza que resalta con más claridad cuando los miembros de la familia se comportan como podríamos esperar que actuaran las células del ser de quinto nivel. Esa fuerza es el amor.

En nuestros días, cuando se habla del amor, se piensa generalmente en la sexualidad, o algunas veces en otra forma de amor, el afecto o cariño que sentimos por las personas más próximas a nosotros. En ambos casos, se suele identificar el amor con un sentimiento más o menos tierno que se experimenta hacia otra persona o, por extensión, hacia animales u objetos. Pero no es ese el amor que mantiene unida a la familia.

Nuestra cultura occidental se ha acostumbrado a identificar el amor con una pasión[215], con algo que recibimos del exterior. Esto se debe a la

---

[215] *Pasión* viene del griego *pazos*, lo que se siente, experimenta o padece.

importancia que se ha atribuido al fenómeno del enamoramiento, que tiene lugar al comienzo de la relación mutua de la pareja humana. Cuando se dice que se está enamorado de alguien, se están describiendo sentimientos, esa mezcla de atracción sexual, placer estético y admiración por las cualidades de otra persona. Pero el verdadero amor, aquél en que se basa la estabilidad de una familia, es muy diferente. El amor no es un sentimiento. En lugar de una pasión, es una acción, algo que sale de nosotros mismos, consciente, voluntaria y libremente. Es un acto de la voluntad, una decisión irrevocable.

Este trágico error de nuestra civilización y de nuestro tiempo, causa de tantos fracasos familiares, no lo comparten otros hombres, otras culturas, otros períodos de la historia. La escritora norteamericana Lois T. Henderson cuenta el caso de un muchacho indio que se trasladó a los Estados Unidos para estudiar. Pasados unos años, anunció que se iba a la India para contraer matrimonio con una joven que su familia le había elegido como esposa, a quien apenas conocía, y traérsela a vivir a América. Lois Henderson se asombró. ¿Y si no fuesen compatibles? ¿Cómo podía pensar en llevarla tan lejos de su familia y de sus amigos?

-No se preocupe usted -dijo el muchacho-. Yo la amaré bastante para compensárselo todo.

-Pero ¿cómo puede usted estar seguro? -preguntó la escritora.

-Porque lo he decidido -respondió.

No dijo "trataré de amarla". Dijo "la amaré". Hizo un acto de voluntad... Ahora, doce años después... veo la felicidad en sus rostros. Si un matrimonio ha sido feliz, si una esposa ha tenido éxito, son éstos[216].

---

[216] *Daily Guideposts*, 1981.

En las últimas décadas, el concepto del amor se ha degradado aun más, confundiéndose con la sexualidad: la frase *hacer el amor* se ha convertido en sinónimo del acto sexual, cuando originalmente no tenía ese sentido. Al mismo tiempo, y en una de esas contradicciones tan frecuentes en la especie humana, el sexo se ha desvinculado del amor y de la fidelidad en la familia, pues la libertad de su práctica se ha alzado como bandera de la revolución sexual. Esto ha tenido consecuencias tan funestas como la proliferación del SIDA y las dificultades que se encuentran para detenerla, pues basta proponer medidas seguras, basadas en la fidelidad y contrarias a la promiscuidad, para tener que enfrentarse con el anatema automático de los medios de comunicación y de los políticos *progresistas*.

Nótese que, cuando hablo de familia, no me refiero a ningún tipo concreto. Como cualquier construcción humana o natural, la familia también evoluciona, pero conserva un núcleo duro permanente que resiste a los cambios: es la base de la conservación de la especie y de la sociedad, envuelve el origen de la vida de todo ser humano y le proporciona el entorno en que mejor puede desenvolverse y crecer. Los niños que se han criado en familias fallidas o en instituciones públicas, suelen quedar marcados para toda la vida, notan que les falta algo.

A lo largo del siglo XX, hemos asistido a un ataque frontal contra la familia, usualmente asociado a tendencias políticas que se autodenominan *progresistas*. Sin embargo, si el análisis que hemos realizado aquí es correcto, si la familia es la forma actual de sociedad más parecida al quinto nivel de la vida, a la próxima etapa de la evolución, tendremos que llegar a la conclusión de que la defensa de la familia forma parte del verdadero progreso, mientras que los ataques contra ella, vengan de donde vengan, son un impulso en sentido retrógrado, una marcha atrás, que busca el triunfo del egoísmo sobre el altruismo y la destrucción de lo mejor que hay en el ser humano.

* * *

Resumiendo: el ser de quinto nivel, si ha de ser viable y coherente con la marcha de la evolución, deberá tener las siguientes características:

1. **Estructura celular**. Los seres humanos individuales serán las células que se unan entre sí para formar un ente de nivel superior.
2. **Diferenciación celular**. Cada miembro ocupará un lugar y desempeñará un papel único e irreemplazable.
3. **Dependencia celular**. La vida, fuera del ser de quinto nivel, será imposible o no valdrá la pena vivirla.
4. **Solidaridad**. Las células harán, libre y voluntariamente, cesión de su propia voluntad ante el bien superior del conjunto. El altruismo debe haber vencido definitivamente al egoísmo.
5. **Unidad**. La fuerza que vinculará a unas células con otras y asegurará la estabilidad del conjunto es el amor, entendido como acto de voluntad, origen de la acción de cada una de las células, y no como pasión sufrida por ellas.
6. **Unicidad**. Sólo podrá existir un ser del quinto nivel.
7. **Inmortalidad**. El tiempo y el quinto nivel de la vida son incompatibles.

Queda un problema pendiente: ¿todas las células del ser de quinto nivel (todos los seres humanos del pasado, el presente y el futuro) renunciaremos libremente al egoísmo, adoptando como único objetivo el bien superior del conjunto? ¿O acaso algunos nos negaremos a ello, manteniendo el egoísmo como objetivo fundamental, sin aceptar el altruismo?

Desgraciadamente, el hecho de que los seres humanos seamos libres de elegir implica que podemos elegir mal. Por lo tanto, tenemos que admitir la posibilidad de que la segunda opción sea la verdadera: que algunas de las células del ser de quinto nivel, incapaces de aceptar un comportamiento permanentemente altruista, puedan enquistarse en sí mismas y corten toda relación con las demás. No sabemos cómo será su vida en esas condiciones, pero sin duda ha de ser un verdadero infierno.

Terminaremos tratando de ver que todo esto no es una lucubración mental, que este ser es realmente posible y que, con otro nombre, la humanidad lo ha conocido desde hace algunos miles de años.

15. ¿Existe el quinto nivel?

A fines del siglo XIX, el antropólogo escocés sir James George Frazer (1854-1941) expuso en su famosa obra *La Rama de Oro*[217] la teoría de que el hombre primitivo pasó primero por una *era de la magia*, en la que trataba de controlar los fenómenos físicos mediante encantamientos y conjuros. Cuando se dio cuenta de que estos procedimientos no producían los resultados apetecidos, supuso que dichos fenómenos se encuentran bajo el control directo de seres sobrenaturales, a los que era posible congraciarse mediante sacrificios y oraciones, pasándose así a la *era de la religión*. Por último, en el mundo moderno, estaríamos a punto de penetrar en una tercera era, la de la técnica, en la que el deseado control se obtiene a través del conocimiento de las leyes físicas que rigen el universo en que vivimos.

Más de un siglo después de *La Rama de Oro*, los estudiosos de la historia no se sienten inclinados a aceptar las conclusiones de Frazer. Hoy se dispone de mayor número de datos históricos, prehistóricos y antropológicos que las contradicen, pues parecen demostrar que el fenómeno religioso es casi tan antiguo como el hombre mismo. Se sabe, por ejemplo, que el hombre de Neandertal enterraba a sus muertos junto con diversos objetos útiles o simbólicos, lo que demuestra que, ya en aquella remota antigüedad, existía algún tipo de creencia en la

---

[217] *The Golden Bough*, 1890.

continuidad de la vida humana más allá de la muerte. Una vida que, indudablemente, no se imaginaba muy distinta de la que aquellos pueblos cazadores-recolectores conocían.

Las creencias en la vida futura varían ampliamente entre las distintas religiones. Algunas, correspondientes a pueblos relativamente poco civilizados, mantienen la antigua concepción de la otra vida como mera prolongación de la actual: las antiguas religiones eslavas, las de los pueblos bálticos, posiblemente la de los celtas, pueden encuadrarse en este grupo.

En el antiguo Egipto, el problema de la supervivencia después de la muerte parece haberse convertido en obsesión. Al principio era sólo el rey (el faraón) el que, como representante de los dioses, podía alcanzar la inmortalidad. Poco a poco fue extendiéndose el privilegio a otras personas, hasta que, durante el segundo milenio antes de Cristo, la *democratización* de la otra vida fue completa.

Los egipcios consideraban la conservación del cuerpo como requisito indispensable para el mantenimiento de la inmortalidad[218]. De aquí las complicadas operaciones de embalsamamiento que realizaban. A pesar de sus esfuerzos, sin embargo, los resultados obtenidos no siempre eran satisfactorios. Afortunadamente, se podía sustituir el cadáver del difunto por una estatua o máscara que lo representara. En el peor de los casos, bastaba con escribir su nombre en las paredes de la tumba.

Los muertos se ven sometidos a un juicio ante un tribunal de cuarenta y dos dioses, presididos por Osiris, señor del mundo subterráneo. Sus buenas y malas acciones son comparadas en una

---

[218] Esta idea la compartieron otros pueblos, como los antiguos peruanos, por ejemplo.

ceremonia en la que se pesa el corazón del difunto en una balanza. En el otro platillo se coloca un ojo o una pluma. Mientras se procede a esta operación, el muerto se defiende, negando haber cometido pecado alguno, y ruega a su corazón que no dé testimonio contra él[219].

La vida ultraterrena se consideraba como una continuación de la situación presente. El difunto teme verse sometido a la necesidad de trabajar en la otra vida. Para evitarlo, se colocan en la tumba figurillas de esclavos y trabajadores que le sustituyan en la realización de las tareas que allí se le asignen. En general, su existencia futura se prevé feliz. De noche, los muertos salen de su morada subterránea, y provistos de una luz se pasean por el cielo: son las estrellas. Los familiares vuelven a reunirse. Pueden dedicarse a la caza, la pesca, la navegación, convertirse en pájaros, acompañar al sol en sus viajes cotidianos.

Muy distinta es la versión mesopotámica. El país de los muertos es una tierra de sombras, situada en el subsuelo. La existencia ultraterrena del hombre no es envidiable: ha de alimentarse de barro, de los restos de los platos que se tiran a la calle, sin ver jamás la luz y sin poder regresar al mundo de los vivos, que añora. Quedarse en el reino de las tinieblas es un terrible destino, incluso para los dioses.

La única forma de eludir este fin, reservado para la inmensa mayor parte de los seres humanos, era alcanzar la inmortalidad, entendida como la prolongación indefinida de la vida en la Tierra. Este privilegio, disfrutado casi en exclusiva por los dioses, fue concedido por éstos únicamente a dos mortales: Utnapishtim y su esposa, héroes del mito sumerio-acadio del diluvio. La épica de Gilgamesh relata cómo el rey de Uruk de este nombre, horrorizado por la muerte de su amigo Enkidu,

---

[219] *Libro de los muertos*, conjuro CXXV.

emprende una búsqueda desesperada de la inmortalidad. Para ello busca el consejo de Utnapishtim, a quien encuentra tras numerosas aventuras y peligros. Pero el anciano le desengaña: *Cuando los dioses hicieron a los hombres, les destinaron a la muerte; se guardaron la vida para sí*[220]. Sin embargo, le ofrece una alternativa, le deja un camino abierto: *Trata de no dormir seis días y siete noches*. Esto parece indicar que la religión mesopotámica admite la posibilidad de alcanzar la inmortalidad a través de ritos de iniciación, propios de religiones mistéricas.

La concepción grecorromana del trasmundo es semejante a la mesopotámica. El difunto, después de atravesar la laguna Estigia en la barca de Caronte, no tiene esperanzas de regresar jamás al mundo de los vivos. Su existencia en el reino de Hades es triste: apenas es más que una sombra.

La religión griega admite dos excepciones a esta norma: una está reservada para ciertos héroes, que escapan de la muerte y son transportados milagrosamente a las islas de la felicidad (los campos Elíseos). La segunda posibilidad es accesible a todos, en principio. Se trata, como en el caso mesopotámico, de los ritos de iniciación en los diversos cultos mistéricos, que aseguran al adepto la felicidad eterna. Fueron tres los principales cultos de esta clase que surgieron en el seno de la religión de los griegos: los misterios de Eleusis, relacionados con el culto a Deméter; el orfismo (nombre que procede del héroe Orfeo); y los ritos dionisíacos, así llamados en honor del dios Dionisos o Baco.

La idea de que los muertos quedan relegados a un mundo subterráneo, oscuro y desagradable, aparece también en otras religiones primitivas. Las formas antiguas del shinto japonés pertenecen a este

---

[220] Palabras de Siduri a Gilgamesh, que Utnapishtim confirma.

grupo. Sin embargo, muchas veces se admiten excepciones para los guerreros muertos en la batalla, para quienes está reservado un paraíso especial, donde pueden gozar de los placeres propios de su oficio. Sirvan de ejemplo el Walhalla de los germano-escandinavos y la religión de los aztecas.

En la India, los pueblos arios introdujeron su religión típicamente indoeuropea (vedismo), que incorpora creencias escatológicas semejantes a las que acabamos de describir. Pero ya desde principios del primer milenio antes de Cristo se afirmaba que algunos seres humanos son capaces de reencarnarse después de la muerte. Con el tiempo, esta idea se convirtió en el centro de la teología brahmánico-hinduista, pasando también a las otras dos grandes religiones que surgieron en el subcontinente durante el siglo VI antes de Cristo: el jainismo y el budismo. De acuerdo con esta visión del mundo, los seres vivientes se ven sometidos a una serie de reencarnaciones sucesivas, en las que a cada muerte le sigue un nuevo nacimiento, cuya naturaleza depende de las acciones realizadas en la vida anterior. La salvación consiste en liberarse de esta cadena a través de uno de los caminos aceptados por cada una de las tres religiones antes mencionadas.

Durante la primera mitad del primer milenio antes de Cristo, la religión de la India se desplazó hacia el ateísmo o el impersonalismo. El elemento eterno o absoluto, según esta concepción, es el Brahman, que no es un Dios personal, sino un ente que representa la fuerza que da eficacia a los ritos sacrificiales (entre otras cosas). Cuando el principio vital del hombre (el *atman*) alcanza la salvación, llega a fundirse con el Brahman y a despersonalizarse. Para los filósofos hindúes que compusieron los Upanishads, el atman y el Brahman son manifestaciones diferentes de un mismo principio universal. Su religión es, por consiguiente, panteísta.

El hinduismo tardío, que fue configurándose a lo largo de la segunda mitad del primer milenio antes de Cristo, como resultado de la fusión del brahmanismo ortodoxo con corrientes populares teístas, admite la existencia de un Dios supremo personal (Siva o Vishnú, dependiendo de la secta de que se trate). El panteísmo brahmánico se convierte ahora en *panenteísmo*: Dios es todo en cierto sentido, pero también es un individuo, una persona independiente y trascendente respecto a la creación. Los restantes elementos de la Verdad Absoluta (los vivientes, la naturaleza y el tiempo) emanan de Él, tienen sus mismas cualidades, pero son claramente inferiores a Él en cantidad.

La aceptación de un Dios personal movió a los hinduistas a añadir un nuevo camino de salvación a los ya conocidos desde hacía siglos (el del conocimiento y el de la meditación). Se trata del camino de la devoción, que busca la plenitud del viviente en su unión amorosa con la Verdad Absoluta, a través de la experiencia directa y mística de Dios. El devoto que se rinde totalmente a Dios queda libre de contaminación material y de las consecuencias de sus acciones. Por ello, cuando muera, no volverá a encarnarse, sino que pasará a unirse definitivamente con el ser supremo.

El jainismo es una religión extremadamente reglamentada y detallista, que se basa, como todas las de la India, en la doctrina de la reencarnación provocada por las consecuencias de los actos humanos. El camino de salvación de esta religión es enormemente largo y difícil. En su concepción del mundo no existe lugar para un Dios supremo, por lo que los vivientes liberados son todos iguales entre sí. La plenitud del ser consiste en la obtención del conocimiento puro, que le proporciona la felicidad eterna.

Para el budismo, otra religión atea en su forma original, el estado que se alcanza con la liberación es el Nirvana, que se define negativamente como la extinción de todo dolor, toda acción, todo sufrimiento, todo fenómeno fisiológico, todo proceso psíquico. Pero se niega expresamente que el Nirvana sea idéntico a la nada. Ni siquiera se admite su identificación con la inconsciencia. Se trata, más bien, de una consciencia imperceptible, infinita y resplandeciente.

En China, las formas primitivas de la religión creían en la existencia de dos almas en cada ser humano. La primera, perteneciente a la categoría *yin* (es decir, relacionada con el principio universal femenino), empieza a existir en el momento de la concepción del individuo. La segunda, correspondiente a la categoría *yang* (el principio universal masculino), sólo se remonta hasta el instante del nacimiento. Con la muerte, las dos almas se separan. El alma *yin* permanece en la tumba, junto al cadáver, y debe ser alimentada y honrada por los hijos y descendientes. El alma *yang* (que en un principio se creía reservada para personas de alta alcurnia social) ha de recorrer un camino difícil y peligroso para llegar a la morada del Dios del cielo, donde espera ser admitida como huésped celestial para vivir una vida semejante a la terrestre.

Confucio, el gran filósofo chino del siglo VI antes de Cristo, cuyas normas llegaron a plasmarse, siglos después, en una verdadera religión oficial, no tiene mucho que añadir a las ideas comúnmente aceptadas en su época sobre el trasmundo. En cambio, las doctrinas taoístas, que surgieron durante la segunda mitad del milenio, introdujeron algunas novedades en este contexto. Con el tiempo, esta religión, el taoísmo, desarrolló una serie de técnicas esotéricas y alquimistas que permitían al adepto alcanzar larga vida y grados superiores de inmortalidad. Los *cuerpos espiritualizados* de los ascetas poseerían propiedades extraordinarias, tales como la facultad de volar y de atravesar objetos materiales. Existen, según los taoístas, varias categorías de inmortales: los que ascienden definitivamente al cielo, los que se mantienen indefinidamente en esta vida y los que mueren aparentemente en el cuerpo, mientras su espíritu marcha a las islas de los bienaventurados, donde residen los inmortales en palacios de oro y plata.

El mazdeísmo es otra de las grandes religiones universales, que surgió en Persia durante el primer milenio antes de Cristo. Su fundador fue Zoroastro o Zaratustra, a quien la mayor parte de los investigadores modernos tiende a considerar como un personaje histórico. Las predicciones escatológicas, tanto individuales como universales, constituyen parte fundamental de la doctrina de esta religión, cuyo nombre deriva del de su Dios supremo, Ahura Mazda, *el Sabio Señor*.

La religión de Zoroastro era parcialmente dualista en su origen y exageró este carácter a lo largo de los siglos. En un principio, el Sabio Señor estaba acompañado por los dos espíritus gemelos, Spenta Mainyu y Angra Mainyu, que eran iguales en todo, pero que eligieron destinos diferentes: Spenta Mainyu escogió el bien y la vida y permaneció fiel a Ahura Mazda; Angra Mainyu prefirió el mal y la muerte, separándose para siempre de aquél. A partir de entonces, a todos los seres humanos se les ofrece la misma elección. Pueden decidirse por el *partido* del Sabio Señor (es decir, aceptar la guía de Zoroastro) o escoger el campo contrario. Esta decisión, fundamental en la vida de todo hombre, decide el destino de su alma después de la muerte.

Tras permanecer tres días junto al cadáver, cuando éste comienza a mostrar señales de descomposición, el alma emprende un largo viaje. Poco después se encuentra con su *daena*, un término sobre el que no todos los investigadores están de acuerdo y que podría corresponder a una personificación de la conciencia. Los hombres que obraron bien la ven como una joven hermosa, de unos quince años. Para los malvados, por el contrario, aparece en la figura de una vieja horrible.

Más tarde, el alma debe atravesar el puente Cinvat, que se tiende a través de un abismo insondable. Este puente, que une la Tierra con el cielo, se ensancha bajo los pies de los justos, pero se hace estrecho como una hoja de afeitar cuando un impío trata de cruzarlo. Como resultado de esto, los buenos logran llegar al final de su viaje, donde son recibidos por Ahura Mazda y se les alimenta con leche y mantequilla. Por el contrario, los malvados caen al abismo y van a parar a la morada de Angra Mainyu, quien ordena que se les sirvan sustancias desagradables y venenosas.

Siglos después de Zoroastro, cuando su doctrina se convirtió en religión oficial, primero de los partos, después del Imperio sasánida, los conceptos originales habían sufrido notables modificaciones que acentuaron el dualismo. Ahura Mazda, el principio del bien, se había convertido en Ormuz, mientras que Angra Mainyu, el principio del mal, pasó a llamarse Arhiman, considerándosele igual a su oponente en fuerza e inmortalidad, aunque al final será definitivamente destruido, junto con sus partidarios, en el fuego de Ahura Mazda.

El judaísmo, que nació en Oriente Medio durante el segundo milenio antes de Cristo y alcanzó las más altas cumbres de su desarrollo durante el primero, compartió en un principio las creencias mesopotámicas sobre el trasmundo (el *sheol*), como un lugar donde las almas de todos los muertos llevan una existencia triste y oscura: *Amor, odio, envidia, para ellos ya todo se acabó; no tendrán jamás parte alguna en lo que sucede bajo el sol... Todo lo que puedas hacer, hazlo en tu vigor, porque no hay en el sepulcro, a donde vas, ni obra, ni razón, ni ciencia, ni sabiduría*[221].

A partir del siglo II antes de Cristo, aparece en las escrituras bíblicas una nueva concepción de la vida futura que, aunque se atisba incipientemente en escritos muy anteriores, no había recibido hasta entonces un tratamiento suficiente. Se piensa ahora que, después de la vida presente, existirá un juicio y una retribución: un premio para los justos, un castigo para los malvados. Surge, además, la idea de la resurrección de los muertos en el fin del mundo, que aún no había sido aceptada por todas las corrientes del judaísmo en tiempos de Cristo (recuérdese el ejemplo de los Saduceos). En el segundo libro de los Macabeos, que relata el martirio de siete hermanos y su madre por negarse a realizar prácticas contrarias a su religión, los torturados se consuelan mutuamente recordándose la esperanza de obtener la resurrección en un mundo mejor que éste: *Tú, criminal*, exclama uno de los hermanos dirigiéndose al rey Antíoco Epífanes, *nos privas de la vida presente; pero el Rey del universo nos resucitará a los que morimos por sus leyes a una vida eterna*[222].

La vida futura se imaginaba ahora como un retorno al paraíso, a la Tierra renovada o (más raramente) a la morada de Dios. Los justos disfrutarán de vida inmortal y placeres corporales: habrá comidas exquisitas, las mujeres no serán estériles y tendrán miles de hijos. Los malvados, por el contrario, serán arrojados a la *gehenna* (nombre de un vertedero a las afueras de Jerusalén), donde se verán sometidos a la

---

[221] *Ecl*. 9,6-10.
[222] II *Mac*. 7,9.

acción del fuego inextinguible. Pero hay quienes sostienen que los impíos serán aniquilados durante el juicio final y, por consiguiente, las penas del infierno no serían necesariamente eternas. Para otros, se trataría simplemente de penas temporales y la misericordia de Dios, triunfando finalmente sobre su justicia, atraería a todos los hombres hacia sí.

Muchas de estas creencias hallaron lugar, siglos más tarde, en el edificio religioso del islam, que además combinó elementos cristianos y mazdeístas sin añadir nada original desde el punto de vista escatológico.

* * *

Hasta aquí hemos repasado brevísimamente las ideas de las distintas religiones sobre el destino del hombre después de la muerte, dejando a propósito el cristianismo para el final. En conjunto, las creencias sobre el trasmundo pueden clasificarse en los siguientes grupos:

1. Las que presentan la otra vida como una mera continuación de la actual.

2. Las que describen el reino de los muertos como un lugar horrible, normalmente subterráneo, donde todos los difuntos por igual padecen una existencia rudimentaria.

3. Las que identifican la otra vida con un estado más o menos semejante a la inconsciencia y la pérdida de la personalidad.

4. Las que incluyen elementos retributivos como resultado de un juicio presidido o no por un ser superior (generalmente Dios, o un dios). Las creencias de este grupo aceptan la existencia de dos reinos de los muertos: El primero, el de los justos, que puede o no coincidir con la morada del Dios supremo, se imagina como

un lugar de dicha y delicias. Los gozos de los bienaventurados, si se describen, suelen ser simples extrapolaciones de los placeres terrenales (alimentos exquisitos, mujeres hermosas, etc.). Este *paraíso* suele situarse, bien en la propia Tierra actual (islas misteriosas y remotas) o en la futura, bien sobre el cielo físico (imaginado como una superficie sólida) o en otros astros.

El segundo reino de los muertos es el infierno, la morada de los impíos y malvados, que se imagina como un lugar de horror y tormentos. Los sufrimientos de los condenados, si se describen, suelen ser simples extrapolaciones de los dolores terrenales (enfermedades, alimentos deleznables, dolor físico, etc.). El infierno suele situarse, bien en el subsuelo terrestre, bien en otros astros. Hay infiernos helados o calientes. El fuego es uno de los principales instrumentos de tortura en estos últimos. El cristianismo popular conserva muchos elementos de este tipo de religiones.

Tanto el paraíso como el infierno ocupan lugar en el espacio y están sometidos al devenir del tiempo. Son, por tanto, parte del universo en que vivimos. La eternidad divina y la inmortalidad del alma humana se imaginan, en todas estas religiones, como una duración indefinida.

* * *

Pasemos ahora a la escatología cristiana. La primera originalidad del cristianismo, la distinción entre *eternidad* y *perpetuidad* (entendida como simple continuidad temporal) no surgió como consecuencia de la especulación religiosa, sino que está ligada al pensamiento filosófico griego de Platón y Aristóteles. En su obra *Sobre el Cielo*, el segundo afirma: *Fuera del cielo no existe lugar, ni vacío ni tiempo. Por tanto, lo que allí existe, ni ocupa espacio, ni le afecta el tiempo*. Aristóteles sitúa en ese *centro espiritual del universo*, exterior al cielo astronómico, al motor inmóvil o Dios de la Filosofía[223].

El concepto de eternidad pasó a la teología cristiana a través de las filosofías platónica y aristotélica. Todavía en el siglo VI después de Cristo, el cristiano Anicio Manlio Severino Boecio (c. 480-524), ministro del rey ostrogodo Teodorico, consideraba estos temas materia exclusivamente filosófica en su obra cumbre, *De la consolación de la filosofía*[224], escrita después de una caída en desgracia que acabó con su ejecución. Para Boecio, la perpetuidad es una sucesión indefinida de momentos, cada uno de los cuales se pierde tan pronto se ha alcanzado. La eternidad, por el contrario, es la fruición intemporal de una vida ilimitada. Dios es eterno, no perpetuo. No prevé el futuro, no recuerda el pasado, simplemente los ve.

El modelo medieval del mundo incorporó estos conceptos a su urdimbre, primero a través de Boecio y San Agustín, más tarde directamente de Aristóteles. Los grandes pensadores escolásticos del siglo XIII, San Alberto Magno (1206-1280) y Santo Tomás de Aquino (c. 1225-1274) combinaron el conocimiento filosófico de las teorías de Aristóteles, descubiertas recientemente en la cristiandad occidental a través de la cultura árabe, con el desarrollo de una nueva teología. De este modo, el cristianismo fue el primero en asignar a Dios el atributo de la eternidad, en el sentido filosófico del término. En un principio, sin embargo, se juzgaba que todos los seres creados, incluidos los ángeles y las esferas celestes (de acuerdo con la imagen ptolemaica de la estructura

---

[223] *Metafísica*, libro XII, capítulos 6-7.
[224] *De Consolatione Philosophiae*.

del mundo, prevalente entonces), carecían de este atributo divino, aunque, como seres inmortales, poseían el de la perpetuidad[225].

La segunda innovación introducida por el cristianismo en el contexto de la vida futura se remonta casi a su origen y alcanza el máximo desarrollo en los escritos de San Pablo[226]. Se trata de la doctrina del cuerpo místico de Cristo, según la cual los cristianos, junto con Cristo, forman un cuerpo único del que Cristo es la cabeza y cada uno de nosotros los miembros. Este cuerpo, en la actualidad, está parcialmente formado: aún falta mucho para que abarque y contenga a todas las mónadas del universo consciente que acepten libremente participar en él. Cuando esto se logre, la creación habrá alcanzado su plenitud. Todo estará definitivamente consumado en lo que San Pablo llama el *pleroma*, en el que los justos alcanzarán la felicidad eterna.

La fuerza que cohesiona y mantiene unido el cuerpo místico es el amor, que podríamos definir como la consciencia de cada miembro de su unidad de origen, organización y destino con los restantes componentes del cuerpo místico. Este amor es la condición fundamental y la energía[227] que posibilita la ayuda mutua de todos los miembros entre sí. La obligación de ayudar a los demás en sus necesidades es consecuencia inmediata de su carácter de miembros del mismo cuerpo en el que, por otra parte, Dios mismo participa como miembro distinguido (la cabeza) a través de Cristo. Por esta razón, los dos mandamientos fundamentales del cristianismo son mandatos de amor: *Amarás al Señor tu Dios con todo tu corazón, con toda tu mente y con todas tus fuerzas... Amarás al prójimo como a ti mismo*[228].

---

[225] Sobre el modelo medieval del mundo, véase *The Discarded Image*, 1964, de C. S. Lewis.
[226] I *Cor*, 12,12-27. Véase también *Rom*, 12,4-5. I *Cor*, 10,17. *Ef*, 4,4. *Ef*, 4,15-16.
[227] *L'énergie Humaine*, de Pierre Teilhard de Chardin.

La conjunción de las dos innovaciones indicadas no se hizo esperar y condujo a la aplicación del atributo de la eternidad al cuerpo místico (por cuanto Dios forma parte de él) y a cada uno de sus miembros (por participación). De acuerdo con esta perspectiva, los miembros del cuerpo místico han de abandonar algún día el universo espacio-temporal en que ahora vivimos y pasar a la eternidad. Después de la resurrección, al final de los tiempos, formar parte del cuerpo místico será equivalente a lo que tradicionalmente se ha llamado *estar en el cielo*.

El concepto del infierno, el destino de los condenados, ha ido variando en la mentalidad cristiana a lo largo del tiempo. De la visión literaria y tradicional de un infierno subterráneo (como en *La Divina Comedia*), hemos pasado al concepto moderno, que lo identifica con un estado del alma, y no con un lugar en el espacio[229]. De igual manera, se tiende a pensar que la salvación y la condenación, más que la consecuencia de un juicio, es una elección voluntaria y consciente de cada uno: se salva quien renuncia a su voluntad propia, poniendo en el centro de su vida a Dios, cabeza del cuerpo místico a través de Cristo, mientras que se condena quien se niega a aceptar esa renuncia y se pone a sí mismo en el centro.

En palabras de C.S.Lewis, en su libro *El problema del dolor*[230]: *A la larga, la respuesta a quienes ponen objeciones a la doctrina del infierno es una pregunta: "¿Qué le pides a Dios que haga?"* ¿Que borre sus

---

[228] *Mt*, 22,37-39.
[229] Cuando el papa Juan Pablo II dijo esto en uno de sus discursos, los medios de comunicación, como de costumbre, no entendieron nada: surgió inmediatamente una babel de voces que sostenían que el papa había dicho que el infierno no existe. Nada más lejos de la realidad, pero los desmentidos de la Iglesia no han servido para deshacer la equivocación. Años después, la idea que plantaron los medios en la sociedad sigue resurgiendo de vez en cuando.
[230] *The problem of pain*, 1940.

pecados pasados y, a toda costa, les permita empezar de nuevo, dándoles todas las facilidades y ofreciéndoles ayuda milagrosa? Pero ya lo hizo, en el Calvario. ¿Que los perdone? No quieren ser perdonados. ¿Que los deje solos? Ay, me temo que sea eso lo que hace.

En esta versión de la visión cristiana, después de la muerte pasamos a formar parte definitivamente del cuerpo místico de Cristo. El cielo es el estado de aquellos que se integren en ese cuerpo, aceptando que Dios es el centro y sometiendo la voluntad propia a la divina. El infierno es la situación en que quedan los que no quieren aceptarlo e insisten en seguir buscando su propio beneficio contra el bien común de la totalidad. El purgatorio sería el proceso mediante el cual ciertos individuos consiguen aceptar la integración, en lucha contra sí mismos, partiendo de una fuerte inclinación contraria. Los justos son equivalentes a las células de nuestro cuerpo, que renuncian a una vida independiente y se dejan controlar por el sistema nervioso central (la cabeza). Los condenados son como células cancerosas que se aíslan, se enquistan y no quieren saber nada de los demás.

* * *

Al seguir la evolución del universo desde su origen, a través de las cuatro grandes etapas por las que ha pasado la vida en la Tierra hasta el momento actual, la extrapolación de los procesos evolutivos que han actuado en el pasado nos llevó a pronosticar la emergencia futura del quinto nivel de la vida, del que hoy existen ya ejemplos incipientes. La lógica y el estudio de la naturaleza humana y social nos permiten prever algunas de las características principales del futuro ser de quinto nivel.

Sorprendentemente, hemos hallado las mismas características en una entidad de origen completamente diferente: el *pleroma* de San Pablo, cuya descripción más antigua se remonta al siglo primero de la era cristiana, casi dos milenios antes del descubrimiento científico de la evolución. La estructura celular del cuerpo místico es clarísima. San Pablo habla de miembros, en lugar de células, porque entonces estas últimas no se conocían.

En nuestro estudio científico, hemos observado que el cuerpo del quinto nivel, en su estado actual, aún no tiene cabeza. El *pleroma*, sin embargo, sí la tiene, es Dios en Cristo. Pero la unión de esa cabeza con el resto del cuerpo no se ha consumado, no tendrá lugar de forma perfecta hasta el fin de los tiempos. Por lo tanto, la cabeza que nos falta estaría ya preparada y es nada menos que Dios mismo.

También es evidente la semejanza de propiedades entre el *pleroma* y el quinto nivel: la solidaridad entre sus miembros, la unidad por medio del amor, la disociación respecto al tiempo. Además, sólo existirá un único cuerpo místico. Incluso en el problema del infierno hemos llegado a conclusiones muy parecidas. ¿No será que todos estos conceptos, el cuerpo místico de San Pablo, el punto Omega de Pierre Teilhard de Chardin[231], el ser de quinto nivel, son todos equivalentes? ¿Será posible que se pueda llegar al mismo término del viaje por dos caminos totalmente independientes, uno científico, el otro religioso?

En el capítulo 9 dejamos pendiente explicar cuál fue el verdadero motivo que movió a Teilhard de Chardin a denominar *punto Omega* a la meta de la evolución. Ahora podemos decirlo: según la Biblia, Dios es *alfa* y *omega*, principio y fin del universo. Al final de la evolución, el

---

[231] En el capítulo 9 dejamos pendiente explicar cuál fue el verdadero motivo que movió a Teilhard de Chardin a denominar *punto Omega* a la meta de la evolución. Ahora podemos decirlo: según la Biblia, Dios es *alfa* y *omega*, principio y fin del universo. Al final de la evolución, el universo se unirá con Dios *Omega* en la persona de Cristo, cabeza del cuerpo místico.

universo se unirá con Dios *Omega* en la persona de Cristo, cabeza del cuerpo místico.

La coincidencia casi absoluta del *pleroma* con el ser de quinto nivel, nos mueve a identificarlos y presta una enorme coherencia a la imagen, a la vez científica y cristiana, del mundo que nos rodea. El universo no carece de sentido, como insisten los nihilistas. Las preguntas eternas: *¿A dónde vamos? ¿De dónde venimos?* tienen respuesta. La ciencia y la religión no están en desacuerdo. Cada una de ellas tiene su propio campo de acción y sus propios métodos, pero sus ámbitos no son totalmente disjuntos: confluyen en sus predicciones sobre el futuro de la evolución.

Bibliografía

1. Evolución del universo antes de la aparición de la vida

Bondi, H., *Cosmology*, traducción española en Labor, Barcelona, 1970-1972.

Gonzalo, J. A., *Cosmic paradoxes*, World Scientific, New Jersey, 2012.

Guth, A. H., Steinhardt, P. J., "El universo inflacionario", *Investigación y Ciencia*, julio 1984, pg. 66-79.

Hawking, S., *A brief history of time*, Bantam Books, 1988. Existe traducción española.

Rees, M., *Just six numbers*, Basic Books, New York, 2000.

Soler Gil, F. J., *Lo divino y lo humano en el universo de Stephen Hawking*, Ediciones Cristiandad, Madrid 2008.

Varios autores, "Origen y evolución del universo", *Temas 72, Investigación y Ciencia*, 2º trimestre, 2013.

Weinberg, S., *The First Three Minutes*, Bantam Books, 1979.

2. El primer nivel

Alfonseca, M., *La vida en otros mundos*, Mc-Graw-Hill, Madrid, 1993.

Bada, J. L., *Cold start*, The Sciences, Mayo/Junio 1995.

Diener, T. O., "Viroides", *Investigación y Ciencia*, marzo 1981, pg. 18-26.

Ricardo, A., Szostak, J. W., "El origen de la vida", *Investigación y Ciencia*, noviembre 2009, pg. 38-45.

Trefil, J., Morowitz, H. J., Smith, E., "El origen de la vida", *Investigación y Ciencia*, septiembre 2009, pg. 70-77.

3. El segundo nivel

Crick, F. H. C., *La clave genética III*, en *Biología y Cultura*, Hermann Blume ediciones, Madrid, 1975.

Gabaldon, T., "El origen de las células", *Investigación y Ciencia*, noviembre 2009, pg. 48-52.

4. El tercer nivel

De Duve, C., W. "Origen de las células eucariotas", *Investigación y Ciencia*, junio 1996, pg. 18-26.

Margulis, L., Dolan, M. F., "Swimming against the current", *The Sciences*, enero/febrero 1997.

5. El cuarto nivel

Álvarez, W., Asaro, F., Courtillot, V. E., "Debate: causas de la extinción en masa", *Investigación y Ciencia*, diciembre 1990, pg. 44-62.

Ayala, F. J., "Mecanismos de la evolución", *Investigación y Ciencia*, noviembre 1978, pg. 18-33.

Bergson, H., *L'evolution Creatrice*, traducción española en Editorial Espasa Calpe, Madrid, 1973.

Fortey, R., *Life: an unauthorised biography*, Harper Collins, 1997. Existe traducción española: *La vida: una biografía no autorizada*, Taurus, 1999.

Gould, S.J., *La vida maravillosa*, RBA Editores, 1994.

Mayr, E., "La evolución", *Investigación y Ciencia*, noviembre 1978, pg. 7-16.

Mendoza, A. de, Sebé Pedrós, A., Ruiz Trillo, I., "El origen de la multicelularidad", *Investigación y Ciencia*, febrero 2013, pg. 32-39.

Schlichting, C.D., Mousseau, T.A. (editors), *The year in evolutionary biology 2008*, Annals of the New York Academy of Sciences, vol. 1133, Boston, 2008.

6. ¿Qué es el hombre?

Cavalli-Sforza L. and Feldman M. *Cultural versus biological inheritance: phenotypic transmission from parents to children*. Human Genetics 25: 618-637, 1973.

Cloak, F. T., "Is a cultural ethology possible?" *Human Ecology* 3: 161-182, 1975.

Dawkins, R., *The selfish gene*, Oxford University Press, 1976.

Dobzhansky, T., *Human culture: a moment in evolution*, obra póstuma terminada por Ernest Boesiger, Columbia University Press, New York, 1983.

Huxley, J., *Man stands alone*, Harper, New York, 1941.

Simpson, G.G., *This view of life*, Harcourt, Brace & World, 1964.

Turner, M. S., "More than meets the eye", *The Sciences*, noviembre/diciembre 2000.

Tudge, C., *The variety of life*, Oxford University Press, 2000.

Wikipedia, artículo sobre la *Cladística*, https://es.wikipedia.org/wiki/Clad%C3%ADstica, consultado el 26/4/2014.

7. Hacia el quinto nivel

Alfonseca, M., *Human Cultures and Evolution*, Vantage Press, New York, 1979.

Childe, V. G., *Man makes himself*, The Rationalist Press Ass., 1936. Existe edición española: *Los orígenes de la civilización*, Fondo de Cultura Económica, 1954.

Gordon, D. M., "Close encounters", *The Sciences*, septiembre/octubre 1999.

Grimberg, C., *El alba de la civilización*, Historia Universal Daimon, 1973.

Jordà, M., Peinado, M. A., "La regulación génica del comportamiento social en las abejas", *Investigación y Ciencia*, agosto 2009, pg. 40-43.

von Frisch, K., *La vida de las abejas*, RBA Editores, 1994.

8. El quinto nivel en la literatura

Lewis, C. S., *The Abolition of Man*, Macmillan, New York, 1947.

Garaudy, Roger, *L'alternative*, traducción inglesa (*The Alternative Future*) en Penguin Books, Middlesex, England, 1976.

Kroeber, A. L., *Configurations of Culture Growth*, University of California Press, 1969.

Sorokin, P. A., *Social and Cultural Dynamics*, Porter Sargent, Boston, 1970.

Sorokin, P. A., *Society, Culture and Personality*, traducción española en Aguilar, Madrid, 1966.

Spengler, Oswald, *La Decadencia de Occidente*, traducción española en Espasa Calpe, Madrid, 1923-1966.

Toynbee, Arnold J., *A Study of History*, compendio en tres volúmenes de D. C. Somervell, traducción española en Alianza Editorial, Madrid, 1970.

Weber, Max, *Die protestantische Ethik und der Geist des Kapitalismus*, traducción española en Sarpe, Madrid, 1984.

9. El punto Omega

Tobias, P. V., "Piltdown unmasked", *The Sciences*, enero/febrero 1994.

10. Internet como sistema nervioso

De Rosnay, J., *El hombre simbiótico*, Cátedra, 1996.

Penrose, R., *The emperor's new mind*, Oxford University Press, 1989.

Sáez Vacas, F., *Más allá de Internet: la red universal digital*, Centro de Estudios Ramón Areces, 2004.

Sagan, C., *The Dragons of Eden*, Random House, New York, 1977.

11. ¿Tendremos que renunciar a la reproducción?

Alfonseca, M., de Lara, J.: "Two level evolution of foraging agent communities", *BioSystems*, Vol. 66:1-2, p. 21-30, junio/julio 2002.

Bak, P., *How Nature works*, Oxford University Press, Oxford, 1997.

Chaitin, G., Chaitin, V., Abrahao, F.S., "Metabiología: orígenes de la complejidad biológica", *Investigación y Ciencia*, enero 2014, pg. 75-80.

Farrell, W., *How hits happen*, Harper Collins, London, 1993.

Heylighen, F., Campbell, D. T., *Selection of organization at the social level: obstacles and facilitators of metasystem transitions*, publicado en *World futures: the Journal of General Evolution*, vol. 45, p. 181-212, 1995.

Mantegna, R. N., Stanley, H. E., *An introduction to Econophysics*, Cambridge University Press, 2000.

Waldrop, M. M., *Complexity*, Penguin, 1992.

Ward, M., *Beyond chaos*, Thomas Dunne Books, 2002.

12. ¿Podremos controlar nuestra evolución?

Birney, E., "Viaje al interior del genoma", entrevista realizada por Stephen S. Hall, *Investigación y Ciencia*, diciembre 2012, pg. 84-87.

Mullis, K. B., "Reacción en cadena de la polimerasa", *Investigación y Ciencia*, junio 1990, pg. 30-37.

Varios autores, "Informe especial: la industria del genoma humano", *Investigación y Ciencia*, septiembre 2000, pg. 34-53.

Watson, J. D., *DNA: the secret of life*, Alfred A. Knopf, 2003.

13. ¿Debemos controlar nuestra evolución?

Wuethrich, B., "All rights reserved", *Science News*, 4 septiembre 1993, pg. 154-157.

14. ¿Cómo será el quinto nivel?

Webb, S., *Where is everybody?*, Praxix Publishing, 2002.

15. ¿Existe el quinto nivel?

(Anónimo), *Salida del alma hacia la luz del día: libro egipcio de los muertos*, Ediciones Abraxas, 2000.

Alfonseca, M., *Krishna frente a Cristo*, Madrid, 1978.

Eliade, M., *A history of religious ideas*, Collins, 1979.

James, E. O., *Historia de las religiones*, Alianza Editorial, 1975.

König, F., *Cristo y las religiones de la Tierra*, La Editorial Católica, 1970.

Puech, H. C., *Historia de las religiones*, Siglo XXI, 1977-79.

Smith, H., *The world religions*, Harper San Francisco, 1991.

www.ingramcontent.com/pod-product-compliance
Lightning Source LLC
Chambersburg PA
CBHW071411180526
45170CB00001B/64